군무원
15일완성 건축직

군무원
15일완성 건축직

초판 1쇄 발행		2021년 5월 12일
2쇄 발행		2022년 2월 23일

편 저 자	|	공무원시험연구소
발 행 처	|	㈜서원각
등록번호	|	1999-1A-107호
주　　소	|	경기도 고양시 일산서구 덕산로 88-45(가좌동)
교재주문	|	031-923-2051
팩　　스	|	031-923-3815
교재문의	|	카카오톡 플러스 친구[서원각]
영상문의	|	070-4233-2505
홈페이지	|	www.goseowon.com
책임편집	|	정유진
디 자 인	|	이규희

PREFACE

군무원이란 군 부대에서 군인과 함께 근무하는 공무원으로서 신분은 국가공무원법
상 특정직 공무원으로 분류된다. 군무원은 선발인원이 확충되는 추세에 따라 지원
자도 많아지며 매년 그 관심이 높아지고 있다. 특히 군무원은 특별한 자격이나 면
허가 별도로 요구되지 않으며 연령, 학력, 경력에 제한 없이 응시할 수 있다(11개
직렬 제외). 또한 공통과목인 '영어' 과목은 영어능력검정 시험으로 대체, '한국사'
과목은 한국사능력검정시험으로 대체되어 9급의 경우 직렬별로 요구되는 3과목만
실시한다.

본서는 9급 군무원 건축직 시험 과목인 국어, 건축계획, 건축구조의 출제 예상문
제를 다양한 난도로 수록하고 있다. 15일 동안 총 300문제를 통해 자신의 학습상
태를 점검할 수 있도록 구성하였다. 시험 직전, 다양한 유형의 문제를 풀어봄과
동시에 상세한 해설을 통해 주요 이론을 반복 학습하면서 매일 매일 실력을 향상
시킬 수 있다.

1%의 행운을 잡기 위한 노력! 본서가 수험생 여러분의 행운이 되어 합격을 향한
노력에 힘을 보탤 수 있기를 바란다.

STRUCTURE

Day 1

자기 맞춤 학습 플랜

매일 매일 과목별로 자신만의 학습 플랜을 만들어 학습할 수 있도록 구성하였습니다. 자기 자신만의 속도와 학습 진도에 맞춘 학습 플랜을 통해 보다 완벽한 계획을 세울 수 있습니다.

하루 20문제

하루 20문제의 다양한 영역, 다양한 유형의 문제를 학습하고 자신만의 오답노트를 만들어 최종 마무리까지 단 한 권으로 완성할 수 있습니다.

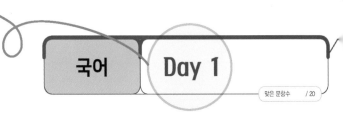

국어　Day 1

맞은 문항수　　/ 20

1 다음 제시된 단어 중 표준어는?

① 촛점　　　　　　　　　　② 구렛나루
③ 재털이　　　　　　　　　　④ 꺼림직하다

📢 (Point) ④ '꺼림직하다'는 과거 '꺼림칙하다', '께름칙하다'의 비표준어였으나 2018년 국립국어원에서 표준어로 인정하였다.
① 초점 ② 구레나룻 ③ 재떨이

2 다음 밑줄 친 단어와 같은 의미로 쓰인 것은?

> 충신이 반역죄를 <u>쓰고</u> 감옥에 갇혔다.

① 밤에 비가 오니 우산을 <u>쓰고</u> 가거라.
② 광부들이 온몸에 석탄가루를 까맣게 <u>쓰고</u> 일을 한다.
③ 그는 마른 체격에 테가 굵은 안경을 <u>썼고</u> 갸름한 얼굴이다.
④ 뇌물 수수 혐의를 <u>쓴</u> 정치인은 결백을 주장했다.

📢 (Point) 밑줄 친 부분은 '사람이 죄나 누명 따위를 가지거나 입게 되다.'라는 의미로 사용되었다.
① 산이나 양산 따위를 머리 위에 펴 들다.
② 먼지나 가루 따위를 몸이나 물체 따위에 덮은 상태가 되다.
③ 얼굴에 어떤 물건을 걸거나 덮어쓰다.

» ANSWER

1.④ 2.④

매 문제마다 상세한 해설을 달아 문제풀이만으로도 학습이 가능하도록 하였습니다. 오답분석을 통해 자신의 취약한 부분을 파악하여 보다 효율적으로 학습할 수 있습니다.

---

15 다음 〈보기〉의 규칙이 적용된 예시로 적절하지 않은 것은?

〈보기〉

한자음 '녀, 뇨, 뉴, 니'가 단어 첫머리에 올 적에는, 두음 법칙에 따라 '여, 요, 유, 이'로 적는다.

단, 접두사처럼 쓰이는 한자가 붙어서 된 말이나 합성어에서는 뒷말의 첫소리가 'ㄴ'으로 나더라도 두음법칙에 따라 적는다.

① 남존여비   ② 신여성
③ 만년   ④ 신연도

🔊 Point ④ '신년도, 구년도' 등은 발음이 [신년도], [구: 년도]이며 '신년-도, 구년-도'로 분석되는 구조이므로 이 규정이 적용되지 않는다.

> 🎯 Plus tip 한글 맞춤법 제3장 제0항 두음법칙
> 한자음 '녀, 뇨, 뉴, 니'가 단어 첫머리에 올 적에는, 두음 법칙에 따라 '여, 요, 유, 이'로 적는다.
> (ㄱ을 취하고, ㄴ을 버림)
>
> | ㄱ | ㄴ | ㄱ | ㄴ |
> |---|---|---|---|
> | 여재(女子) | 녀자 | 유대(紐帶) | 뉴대 |
> | 연세(年歲) | 년세 | 이토(泥土) | 니토 |
> | 요소(尿素) | 뇨소 | 익명(匿名) | 닉명 |
>
> 다만, 다음과 같은 의존 명사에서는 '냐, 녀' 음을 인정한다.
> 냥(兩) 냥쭝(兩─) 년(年)(몇 년)
> [붙임 1] 단어의 첫머리 이외의 경우에는 본음대로 적는다.
> 남녀(男女) 당뇨(糖尿) 결뉴(結紐) 은닉(隱匿)
> [붙임 2] 접두사처럼 쓰이는 한자가 붙어서 된 말이나 합성어에서 뒷말의 첫소리가 'ㄴ'소리로 나더라도 두음 법칙에 따라 적는다.
> 신여성(新女性) 공염불(空念佛) 남존여비(男尊女卑)
> [붙임 3] 둘 이상의 단어로 이루어진 고유 명사를 붙여 쓰는 경우에도 붙임 2에 준하여 적는다.
> 한국여자대학 대한요소비료회사

>> ANSWER
15.④

새의 상황어

Point ③ 2연에 나타난 모
사람들과 동물들
① 1연에 나열되는 사
닥불로 타오르는
민족의 공통체조
계를 따지지

문제와 연관된 학습 Tip을 함께 수록하였습니다. 문제풀이와 동시에 다양한 이론을 학습하여 기본기를 완벽하게 다질 수 있도록 구성하였습니다.

을 회상하며 할아버

> 🎯 Plus tip 백석의 「모닥불
> ㉠ 갈래: 현대시, 서정시, 신
> ㉡ 성격: 회상적, 산문적
> ㉢ 제재: 모닥불
> ㉣ 주제: 조화와 평등의 공통
> ㉤ 특징
> • 근대적 평등 의식이
>   연거의 방식으

STUDY PLANNER

15일 완성 PLAN

학습에서 제일 중요한 것은 계획적으로 진행하는 것입니다.
하루 20문제! 과목별, 날짜별 자신만의 학습계획을 만들어보세요. 각 문제마다 자신만의 필기노트를 완성해보세요.

1일차 월 일	2일차 월 일	3일차 월 일	4일차 월 일	5일차 월 일
6일차 월 일	7일차 월 일	8일차 월 일	9일차 월 일	10일차 월 일
11일차 월 일	12일차 월 일	13일차 월 일	14일차 월 일	15일차 월 일

5일 완성 PLAN

15일 플랜이 끝난 후, 5일간의 최종 복습 플랜으로 탄탄한 실력을 쌓아보세요.

1일차 월 일	2일차 월 일	3일차 월 일	4일차 월 일	5일차 월 일

CONTENTS

PART 01 국어

DAY 1 10
DAY 2 22
DAY 3 36
DAY 4 48
DAY 5 63

PART 02 건축계획

DAY 6 76
DAY 7 88
DAY 8 99
DAY 9 112
DAY 10 123

PART 03 건축구조

DAY 11 136
DAY 12 148
DAY 13 162
DAY 14 174
DAY 15 188

PART I

국 어

1 다음 제시된 단어 중 표준어는?

① 촛점　　　　　　　　　　　② 구렛나루
③ 재털이　　　　　　　　　　④ 꺼림직하다

📢 **Point** ④ '꺼림직하다'는 과거 '꺼림칙하다', '께름칙하다'의 비표준어였으나 2018년 국립국어원에서 표준어로 인정하였다.
　　　　① 초점　② 구레나룻　③ 재떨이

2 다음 밑줄 친 단어와 같은 의미로 쓰인 것은?

> 충신이 반역죄를 <u>쓰고</u> 감옥에 갇혔다.

① 밖에 비가 오니 우산을 <u>쓰고</u> 가거라.
② 광부들이 온몸에 석탄가루를 까맣게 <u>쓰고</u> 일을 한다.
③ 그는 마른 체격에 테가 굵은 안경을 <u>썼고</u> 갸름한 얼굴이다.
④ 뇌물 수수 혐의를 <u>쓴</u> 정치인은 결백을 주장했다.

📢 **Point** 밑줄 친 부분은 '사람이 죄나 누명 따위를 가지거나 입게 되다.'라는 의미로 사용되었다.
　　　　① 산이나 양산 따위를 머리 위에 펴 들다.
　　　　② 먼지나 가루 따위를 몸이나 물체 따위에 덮은 상태가 되다.
　　　　③ 얼굴에 어떤 물건을 걸거나 덮어쓰다.

≫ ANSWER

1.④　2.④

3 다음 밑줄 친 단어를 대신하여 사용할 수 있는 단어로 가장 적절한 것은?

> 두 사람이 <u>막역한</u> 사이라는 것을 모르는 사람이 없었다.

① 할당한
② 고취한
③ 허물없는
④ 탐닉한

🔊 **Point** 막역(莫逆)하다 … 허물이 없이 아주 친하다.
　　③ 허물없다 : 서로 매우 친하여, 체면을 돌보거나 조심할 필요가 없다.
　　① 할당(割當)하다 : 몫을 갈라 나누다.
　　② 고취(鼓吹)하다 : 힘을 내도록 격려하여 용기를 북돋우다. 또는 의견이나 사상 따위를 열렬히 주장하여 불어넣다.
　　④ 탐닉(耽溺)하다 : 어떤 일을 몹시 즐겨서 거기에 빠지다.

4 ㉠~㉢의 밑줄 친 부분에 대한 설명으로 적절하지 않은 것은?

> ㉠ <u>다</u> 먹은 그릇은 치우고 <u>더</u> 먹을 사람은 줄을 서라
> ㉡ <u>담</u>을 넘느라 <u>땀</u>을 한 바가지는 흘렸다.
> ㉢ <u>배</u>를 하도 먹어서 그런지 <u>배</u>가 불러 죽겠다

① ㉠의 '다'와 '더'의 모음은 혀의 높낮이가 다르다.
② ㉡의 'ㄷ'과 'ㄸ'은 소리를 내는 방식이 같다.
③ ㉢의 '배'는 발음하는 동안 입술이나 혀가 움직인다.
④ ㉢에 밑줄 친 '배'는 동음이의어이다.

🔊 **Point** ③ 'ㅐ'는 단모음으로 발음할 때 입술이나 혀가 고정되어 움직이지 않는다.
　　① 'ㅏ'는 저모음, 'ㅓ'는 중모음으로 혀의 높낮이가 다르다.
　　② 'ㄷ, ㅌ, ㄸ'는 파열음으로 소리를 내는 방식이 같다.
　　④ 첫 번째 '배'는 '배나무의 열매', 두 번째 '배'는 '사람이나 동물의 몸에서 위장, 창자, 콩팥 따위의 내장이 들어 있는 곳으로 가슴과 엉덩이 사이의 부위'의 의미를 가지는 동음이의어이다.

» **ANSWER**
3.③ 4.③

5 다음 빈칸에 들어갈 말로 적절한 것은?

> 감기와 가장 혼동하는 질병에는 '독감'이 있다. 독감은 종종 '감기가 악화된 것.' 또는 '감기 중에 독한 것.'이라고 오해를 받는다. 감기와 독감 모두 콧물, 기침이 나는데, 며칠이 지나면 낫는 감기와 달리 독감은 심할 경우 기관지염이나 폐렴으로 발전하고, 오한, 고열, 근육통이 먼저 나타난다. 또 감기가 시기를 타지 않는 것과 달리 독감은 유행하는 시기가 정해져 있다.
> 독감은 유행성 감기 바이러스 때문에 생긴다. 감기는 백신을 만들 수 없지만 독감은 백신을 만들 수 있다. (   ) 단, 유행성 감기 바이러스는 변이가 심하게 일어나기 때문에 매년 백신을 새로 만들어야 한다. 노약자는 그 해에 유행하는 독감 백신을 미리 맞되, 백신으로 항체가 만들어지기까지는 시간이 걸리므로 독감이 유행하기 3~4개월 전에 맞아야 한다.

① 왜냐하면 감기는 독감과는 다르게 백신에 대한 수요가 매우 적기 때문이다.
② 왜냐하면 독감 바이러스의 형태는 매우 복잡하기 때문에 백신을 만들데에 제약이 많기 때문이다.
③ 왜냐하면 감기 바이러스는 일찍이 해당 바이러스에 대한 연구가 이루어 졌기 때문이다.
④ 왜냐하면 감기를 일으키는 바이러스는 워낙 다양하지만 독감을 일으키는 바이러스는 한 종류이기 때문이다.

🔊 (Point) 빈칸에는 앞문장의 내용에 이어서 독감 백신을 만들 수 있는 이유가 오는 것이 적절하다.

6 외래어 표기가 바르게 된 것으로만 묶인 것은?
① 부르주아, 비스킷, 심포지움
② 스폰지, 콘셉트, 소파
③ 앙코르, 팜플릿, 플랜카드
④ 샹들리에, 주스, 블라우스

🔊 (Point) ① 부르주아, 비스킷, 심포지엄
② 스펀지, 콘셉트, 소파
③ 앙코르, 팸플릿, 플래카드

» ANSWER

5.④ 6.④

7 ㉠의 상황을 표현한 한자성어로 적절한 것은?

> 낭군께서는 이별한 후에 비천한 저를 가슴속에 새겨 근심하지 마시고, 더욱 학업에 힘써 ㉠과거에 급제한 뒤 높은 벼슬길에 올라 후세에 이름을 드날리고 부모님을 현달케 하십시오. 제 의복과 재물은 다 팔아 부처께 공양하시고, 갖가지로 기도하고 지성으로 소원을 빌어 삼생의 연분을 후세에 다시 잇도록 해 주십시오. 그렇게만 해 주신다면 더없이 좋겠나이다! 좋겠나이다!

① 입신양명
② 사필귀정
③ 흥진비래
④ 백년해로

📢(Point) ① 입신양명 : 사회적(社會的)으로 인정(認定)을 받고 출세(出世)하여 이름을 세상(世上)에 드날림
② 사필귀정 : 처음에는 시비(是非) 곡직(曲直)을 가리지 못하여 그릇되더라도 모든 일은 결국에 가서는 반드시 정리(正理)로 돌아감
③ 흥진비래 : 즐거운 일이 지나가면 슬픈 일이 닥쳐온다는 뜻
④ 백년해로 : 부부(夫婦)가 서로 사이좋고 화락(和樂)하게 같이 늙음을 이르는 말

8 다음 밑줄 친 부분의 띄어쓰기가 바른 문장은?

① 마을 사람들은 어느 말을 정말로 믿어야 <u>옳은 지</u> 몰라서 멀거니 두 사람의 입을 쳐다보고만 있었다.
② 강아지가 집을 나간 지 <u>사흘만에</u> 돌아왔다.
③ 그냥 모르는 척 <u>살만도 한데</u> 말이야.
④ 자네, 도대체 이게 얼마 <u>만인가</u>.

📢(Point) ① 옳은 지 → 옳은지, 막연한 추측이나 짐작을 나타내는 어미이므로 붙여서 쓴다.
② 사흘만에 → 사흘 만에, '시간의 경과'를 의미하는 의존명사이므로 띄어서 사용한다.
③ 살만도 → 살 만도, 붙여 쓰는 것을 허용하기도 하나(살 만하다) 중간에 조사가 사용된 경우 반드시 띄어 써야 한다(살 만도 하다).

» ANSWER
7.① 8.④

9 다음 글의 중심내용으로 적절한 것은?

> 영어에서 위기를 뜻하는 단어 'crisis'의 어원은 '분리하다'라는 뜻의 그리스어 '크리네인 (Krinein)'이다. 크리네인은 본래 회복과 죽음의 분기점이 되는 병세의 변화를 가리키는 의학 용어로 사용되었는데, 서양인들은 위기에 어떻게 대응하느냐에 따라 결과가 달라진 다고 보았다. 상황에 위축되지 않고 침착하게 위기의 원인을 분석하여 사리에 맞는 해결 방안을 찾을 수 있다면 긍정적 결과가 나올 수 있다는 것이다. 한편, 동양에서는 위기(危機)를 '위험(危險)'과 '기회(機會)'가 합쳐진 것으로 해석하여, 위기를 통해 새로운 기회를 모색하라고 한다. 동양인들 또한 상황을 바라보는 관점에 따라 위기가 기회로 변모될 수도 있다고 본 것이다.

① 위기가 아예 다가오지 못하게 미리 대처해야 한다.
② 위기 상황을 냉정하게 판단하고 긍정적으로 받아들인다.
③ 위기가 지나갔다고 해서 반드시 기회가 오는 것은 아니다.
④ 욕심에서 비롯된 위기를 통해 자신의 상황을 되돌아봐야 한다.

📢 **Point** 동양과 서양에서 위기를 의미하는 단어를 분석해 보는 것을 통해 위기 상황을 냉정하게 판단하고 긍정적으로 받아들이면 좋은 결과를 얻거나 또 다른 기회가 될 수 있다는 이야기를 하고 있다.

10 다음 제시된 단어의 표준 발음으로 적절하지 않은 것은?

① 넓둥글다[넙뚱글다]
② 넓죽하다[널쭈카다]
③ 넓다[널따]
④ 핥다[할따]

📢 **Point** ② 겹받침 'ㄳ', 'ㄵ', 'ㄼ, ㄽ, ㄾ', 'ㅄ'은 어말 또는 자음 앞에서 각각 [ㄱ, ㄴ, ㄹ, ㅂ]으로 발음한다. 다만, '밟-'은 자음 앞에서 [밥]으로 발음하고, '넓-'은 '넓죽하다'와 '넓둥글다'의 경우에 [넙]으로 발음한다. 따라서 '넓죽하다'는 [넙쭈카다]로 발음해야 한다.

» ANSWER

9.② 10.②

11 다음 밑줄 친 문장이 글의 흐름과 어울리지 않는 것을 고르시오.

> 신재생 에너지란 태양, 바람, 해수와 같이 자연을 이용한 신에너지와 폐열, 열병합, 폐열 재활용과 같은 재생에너지가 합쳐진 말이다. 현재 신재생 에너지는 미래 인류의 에너지로서 다양한 연구가 이루어지고 있다. ①특히 과거에는 이들의 발전 효율을 높이는 연구가 주로 이루어졌으나 현재는 이들을 관리하고 사용자가 쉽게 사용하도록 하는 연구와 개발이 많이 진행되고 있다. ②신재생 에너지는 화석 연료의 에너지 생산 비용에 근접하고 있으며 향후에 유가가 상승되고 신재생 에너지 시스템의 효율이 높아짐에 따라 신재생 에너지의 생산 비용이 오히려 더 저렴해질 것으로 보인다.
> ③따라서 미래의 신재생 에너지의 보급은 특정 계층과 일부 분야에서만 이루어 질 것이며 현재의 전력 공급 체계를 변화시킬 것이다. ④현재 중앙 집중식으로 되어있는 전력공급의 체계가 미래에는 다양한 곳에서 발전이 이루어지는 분산형으로 변할 것으로 보인다. 분산형 전원 시스템 체계에서 가장 중요한 기술인 스마트 그리드는 전력과 IT가 융합한 형태로서 많은 연구가 이루어지고 있다.

📢(Point) ③의 앞의 내용을 보면 향후 신재생 에너지 시스템의 효율이 높으며 생산 비용이 저렴해 질 것으로 예상하고 있으므로 ③의 내용으로 '따라서 미래의 신재생 에너지의 보급은 지금 보다 훨씬 광범위하게 다양한 곳에서 이루어 질 것이며 현재의 전력 공급 체계를 변화시킬 것이다.'가 오는 것이 적절하다.

12 다음 글을 논리적 순서에 맞게 나열한 것은?

> ㉠ 또한 한옥을 짓는 데 사용되는 천연 건축 자재는 공해를 일으키지 않는다.
> ㉡ 현대 건축에서 자주 문제가 되는 환경 파괴가 한옥에는 거의 없다.
> ㉢ 아토피성 피부염 등의 현대 질병에 한옥이 좋은 이유가 여기에 있다.
> ㉣ 한옥은 짓는 터전을 훼손하지 않으며, 터가 생긴 대로 약간만 손질하면 집을 지을 수 있기 때문이다.

① ㉡-㉠-㉣-㉢
② ㉡-㉣-㉠-㉢
③ ㉢-㉠-㉣-㉡
④ ㉣-㉡-㉠-㉢

📢(Point) ㉡ 현대 건축에서 발생하는 문제가 한옥에서는 발생하지 않음-㉣ ㉡을 뒷받침하는 이유①: 한옥은 환경을 보존하며 지어지는 특성을 가짐-㉠ ㉡을 뒷받침하는 이유②: 한옥 건축에 사용하는 천연 자재는 공해를 일으키지 않음-㉢ ㉠의 장점

13 다음의 문장이 들어가기에 적절한 위치를 고르면?

> 예를 들면, 라파엘로의 창의성은 미술사학, 미술 비평이론, 그리고 미적 감각의 변화에 따라 그 평가가 달라진다.

> 한 개인의 창의성 발휘는 자기 영역의 규칙이나 내용에 대한 이해뿐만 아니라 현장에서 적용되는 평가기준과도 밀접한 관련을 가지고 있다. (㉠) 어떤 미술 작품이 창의적인 것으로 평가받기 위해서는 당대 미술가들이나 비평가들이 작품을 바라보는 잣대에 들어맞아야 한다. (㉡) 마찬가지로 문학 작품의 창의성 여부도 당대 비평가들의 평가기준에 따라 달라질 수 있다. (㉢) 라파엘로는 16세기와 19세기에는 창의적이라고 여겨졌으나, 그 사이 기간이나 그 이후에는 그렇지 못했다. (㉣) 라파엘로는 사회가 그의 작품에서 감동을 받고 새로운 가능성을 발견할 때 창의적이라 평가받을 수 있었다. 그러나 만일 그의 그림이 미술을 아는 사람들의 눈에 도식적이고 고리타분하게 보인다면, 그는 기껏해야 뛰어난 제조공이나 꼼꼼한 채색가로 불릴 수 있을 뿐이다.

① ㉠   ② ㉡

③ ㉢   ④ ㉣

🔊 **Point** 제시된 문장은 라파엘로의 창의성을 예로 들면서 기준에 따라 평가가 달라진다는 것을 언급하고자 한다. 따라서 당대 비평가들의 평가기준에 따라 창의성 여부가 달라질 수 있다는 내용 뒤인 ㉢이 가장 적절하며, 제시된 문장 뒤로는 라파엘로의 창의성이 평가기준에 따라 어떻게 다르게 평가되고 있는지에 대한 내용이 이어져야 한다.

» ANSWER

13.③

14 〈보기〉에서 ㉠, ㉡의 예시로 옳은 것으로만 된 것은?

어근과 어근의 형식적 결합 방식에 따라 합성어를 나누어 볼 수 있다. 형식적 결합 방식이란 어근과 어근의 배열 방식이 국어의 정상적인 단어 배열 방식 즉 통사적 구성과 같고 다름을 고려한 것이다. 여기에는 합성어의 각 구성 성분들이 가지는 배열 방식이 국어의 정상적인 단어 배열법과 같은 ㉠'통사적 합성어'와 정상적인 배열 방식에 어긋나는 ㉡'비통사적 합성어'가 있다.

	㉠	㉡
①	가려내다, 큰일	굳은살, 덮밥
②	물렁뼈, 큰집	덮밥, 산들바람
③	큰집, 접칼	보슬비, 얕보다
④	굳은살, 그만두다	물렁뼈, 날뛰다

Point 통사적 합성어: 가려내다, 큰집, 굳은살, 큰일, 그만두다
비통사적 합성어: 덮밥, 접칼, 산들바람, 보슬비, 물렁뼈, 날뛰다, 얕보다.

> ☆ Plus tip 합성법의 유형
> ㉠ 통사적 합성법: 우리말의 일반적인 단어 배열법과 일치하는 것으로 대부분의 합성어가 이에 해당된다.
> 예 작은형(관형사형 + 명사)
> ㉡ 비통사적 합성법: 우리말의 일반적인 단어 배열법에서 벗어나는 합성법이다.
> 예 늦더위('용언의 어간 + 명사'로 이러한 문장 구성은 없음)

>> ANSWER
14.④

15 다음 〈보기〉의 규칙이 적용된 예시로 적절하지 않은 것은?

〈보기〉

한자음 '녀, 뇨, 뉴, 니'가 단어 첫머리에 올 적에는, 두음 법칙에 따라 '여, 요, 유, 이'로 적는다.

단, 접두사처럼 쓰이는 한자가 붙어서 된 말이나 합성어에서는 뒷말의 첫소리가 'ㄴ'으로 나더라도 두음법칙에 따라 적는다.

① 남존여비   ② 신여성
③ 만년   ④ 신연도

📢 Point ④ '신년도, 구년도' 등은 발음이 [신년도], [구ː년도]이며 '신년-도, 구년-도'로 분석되는 구조이므로 이 규정이 적용되지 않는다.

> ☆ Plus tip **한글 맞춤법 제3장 제10항 두음법칙**
> 한자음 '녀, 뇨, 뉴, 니'가 단어 첫머리에 올 적에는, 두음 법칙에 따라 '여, 요, 유, 이'로 적는다. (ㄱ을 취하고, ㄴ을 버림)
>
> | ㄱ | ㄴ | ㄱ | ㄴ |
> |---|---|---|---|
> | 여자(女子) | 녀자 | 유대(紐帶) | 뉴대 |
> | 연세(年歲) | 년세 | 이토(泥土) | 니토 |
> | 요소(尿素) | 뇨소 | 익명(匿名) | 닉명 |
>
> 다만, 다음과 같은 의존 명사에서는 '냐, 녀' 음을 인정한다.
> 냥(兩) 냥쭝(兩~) 년(年)(몇 년)
> [붙임 1] 단어의 첫머리 이외의 경우에는 본음대로 적는다.
>   남녀(男女) 당뇨(糖尿) 결뉴(結紐) 은닉(隱匿)
> [붙임 2] 접두사처럼 쓰이는 한자가 붙어서 된 말이나 합성어에서, 뒷말의 첫소리가 'ㄴ'소리로 나더라도 두음 법칙에 따라 적는다.
>   신여성(新女性) 공염불(空念佛) 남존여비(男尊女卑)
> [붙임 3] 둘 이상의 단어로 이루어진 고유 명사를 붙여 쓰는 경우에도 붙임 2에 준하여 적는다.
>   한국여자대학 대한요소비료회사

≫ ANSWER

15.④

16 이 글의 특징으로 옳지 않은 것은?

> 새끼 오리도 헌신짝도 소똥도 갓신창도 개니빠디도 너울쪽도 짚검불도 가랑잎도 헝겊조각도 막대꼬치도 기왓장도 닭의 짗도 개터럭도 타는 모닥불
>
> 재당도 초시도 문장(門帳) 늙은이도 더부살이도 아이도 새 사위도 갓 사돈도 나그네도 주인도 할아버지도 손자도 붓장사도 땜쟁이도 큰 개도 강아지도 모두 모닥불을 쪼인다.
>
> 모닥불은 어려서 우리 할아버지가 어미 아비 없는 서러운 아이로 불쌍하니도 몽둥발이가 된 슬픈 역사가 있다.
>
> -백석, 모닥불-

① 열거된 사물이나 사람의 배열이 주제의식을 높이는 데 기여한다.
② 평안도 방언의 사용으로 사실감과 향토적 정감을 일으킨다.
③ 모닥불 앞에 나설 수 있는 사람과 그렇지 않은 사람이 대조된다.
④ 지금 현재의 상황과 과거의 회상을 통하여 시상을 전개한다.

🔊 **Point** ③ 2연에 나타난 모닥불을 쬐는 사람들은 직업도 나이도 상황도 다양한 사람으로 모닥불 앞에서는 사람들과 동물들 모두가 평등한 존재로 나타나므로 ③은 옳지 않다.
　① 1연에 나열되는 사물들은 모두 쓸모없는 것들이다. 허나 화자는 그것들이 하나로 모여 하나의 모닥불로 타오르는 것에 의미를 둔다. 나열된 사물들이 하나가 되는 응집력과 열정을 통해 우리 민족의 공통체적 정신을 보여준다. 2연에서 나열되는 다양한 사람들은 신분과 혈연관계 상하관계를 따지지 않고 모닥불을 쬐는 모습을 통해 민족의 화합과 나눔, 평등정신을 지닌 공동체 정신을 확인할 수 있다.
　② '개니빠디'는 '이빨'의 평안·함북 지역의 방언이다.
　④ 1, 2연에서는 모닥불이 타고 있는 현재의 상황을 보여주며, 마지막 연에서 할아버지의 어린 시절을 회상하며 할아버지의 슬픔을 통해 민족의 아픈 역사를 환기한다.

> ☆ **Plus tip** 백석의 「모닥불」
> ㉠ 갈래 : 현대시, 서정시, 산문시
> ㉡ 성격 : 회상적, 산문적
> ㉢ 제재 : 모닥불
> ㉣ 주제 : 조화와 평등의 공동체적 합일정신, 우리 민족의 슬픈 역사와 공동체적 삶의 방향
> ㉤ 특징
> 　• 근대적 평등 의식이 중심에 놓여있다.
> 　• 열거의 방식으로 대상을 제기하고 있다
> 　• 지금 현재의 상황 묘사와 과거 회상으로 시상이 전개되고 있다.
> 　• 평안도 방언을 사용하여 사실성과 향토성을 높이고 있다.

» ANSWER

16.③

17 다음 글의 시점에 대한 설명으로 가장 적절한 것은?

> 파도는 높고 하늘은 흐렸지만 그 속에 솟구막 치면서 흐르는 나의 머릿속을 스치고 지나
> 가는 영상은 푸르고 맑은 희망이었다. 나는 어떻게 누구의 손에 의해서 구원됐는지도 모
> 른다. 병원에서 내 의식이 회복되었을 땐 다만 한 쪽 다리에 관통상을 입었다는 것을 알
> 았을 뿐이다.

① 주인공 '나'가 자신의 체험을 이야기하고 있다.
② 작가가 주인공 '그'에 대해 관찰하여 서술하고 있다.
③ 작가가 제3의 인물 '그'에 대해 자세히 묘사하고 있다.
④ 주인공 '나'가 다른 인물에 대해 관찰하여 서술하고 있다.

🔊(Point) 주어진 글은 주인공인 '나'가 자신의 이야기를 하고 있으므로 1인칭 주인공 시점이다.

> ☆ **Plus tip** 소설의 시점
> ㉠ 1인칭 주인공(서술자) 시점 : 주인공인 '나'가 자신의 이야기를 서술하는 시점으로 주관적이다.
> ㉡ 1인칭 관찰자 시점 : 등장인물(부수적 인물)인 '나'가 주인공에 대해 이야기하는 시점으로 객관
> 적인 관찰을 통해서 이루어진다.
> ㉢ 3인칭(작가) 관찰자 시점 : 서술자의 주관을 배제하는 가장 객관적인 시점으로 서술자가 등장
> 인물을 외부 관찰자의 위치에서 이야기하는 시점이다.
> ㉣ 전지적 작가 시점 : 서술자가 인물과 사건에 대해 전지전능한 신의 입장에서 이야기하는 시점
> 으로, 작중 인물의 심리를 분석하여 서술한다.

18 한글 맞춤법에 맞는 문장은?
① <u>뚝빼기</u>가 튼튼해 보인다.
② 구름이 걷히자 파란 하늘이 <u>드러났다</u>.
③ <u>꽁치찌게</u>를 먹을 때면 늘 어머니가 생각났다.
④ 한동안 외국에 다녀왔더니 <u>몇일</u> 동안 김치만 닮고 살았다.

🔊(Point) ① 뚝배기
③ 꽁치찌개
④ 며칠

≫ ANSWER
17.① 18.②

19 다음에서 설명하는 훈민정음 운용 방식에 해당하는 것은?

> 'ㄱ, ㄷ, ㅂ, ㅅ, ㅈ, ㆆ' 등을 가로로 나란히 써서 'ㄲ, ㄸ, ㅃ, ㅆ, ㅉ, ㆅ'을 만드는 것인데, 필요한 경우에는 'ㅺ, ㅼ, ㅽ, ㅳ, ㅄ, ㅶ, ㅴ, ㅷ' 등도 만들어 썼다.

① 象形   ② 加畫
③ 竝書   ④ 連書

🔊 **Point** 제시문은 훈민정음 글자 운용법으로 나란히 쓰기인 병서(竝書)에 대한 설명이다. 병서는 'ㄲ, ㄸ, ㅃ, ㅆ'과 같이 서로 같은 자음을 나란히 쓰는 각자병서와 'ㅺ, ㅳ, ㅴ'과 같이 서로 다른 자음을 나란히 쓰는 합용병서가 있다.
① 象形(상형) : 훈민정음 제자 원리의 하나로 발음기관을 상형하여 기본자를 만들었다.
② 加畫(가획) : 훈민정음 제자 원리의 하나로 상형된 기본자를 중심으로 획을 더하여 가획자를 만들었다.
④ 連書(연서) : 훈민정음 글자 운용법의 하나로 이어쓰기의 방법이다.

20 제시된 글에서 사용하고 있는 서술 방법은?

> 사람도 빛 공해의 피해를 입고 있다. 우리나라의 도시에 사는 아이들은 시골에 사는 아이들보다 안과를 자주 찾는다. 세계적으로 유명한 과학 잡지 "네이처"에서는 밤에 항상 불을 켜 놓고 자는 아이의 34퍼센트가 근시라는 조사 결과를 발표했다. 불빛 아래에서는 잠드는 데 걸리는 시간인 수면 잠복기가 길어지고 뇌파도 불안정해진다. 이 때문에 도시의 눈부신 불빛은 아이들의 깊은 잠을 방해하고 있는 것이다.

① 조사 결과를 근거로 제시하여 주장의 신뢰를 높이고 있다.
② 이해하기 어려운 용어들을 정리하고 있다.
③ 눈앞에 그려지는 듯한 묘사를 통해 설명하고 있다.
④ 하나의 대상을 여러 갈래로 분석하고 있다.

🔊 **Point** 주어진 글은 유명한 과학 잡지의 조사 결과를 제시하며 이를 통해 사람이 빛 공해의 피해를 입고 있다는 주장을 뒷받침하고 있다.

1 밑줄 친 단어의 쓰임이 적절하지 않은 것은?

① 강호는 한 번한 약속은 <u>반드시</u> 지키고 마는 사람이었다.

② 어깨에 우산을 <u>받히고</u> 양손에는 짐을 가득 들었다.

③ 두 사람은 전부터 <u>알음</u>이 있는 사이라 그런지 금방 친해졌다.

④ 정이도 <u>하노라고</u> 한 것인데 결과가 좋지 않아 속상했다.

🔊 Point ② '받히다'는 '받다'의 사동사로 '머리나 뿔 따위로 세차게 부딪치다', '부당한 일을 한다고 생각되는 사람에게 맞서서 대들다.' 등의 의미를 가진다. 그러므로 ②번에서는 '물건의 밑이나 옆 따위에 다른 물체를 대다.'의 의미를 가진 '받치고'를 사용하는 것이 적절하다.

> ⭐ **Plus tip** 비슷한 형태의 어휘
> ㉠ 반드시 / 반듯이
> • 반드시 : 꼭 **예** <u>반드시</u> 시간에 맞추어 오너라.
> • 반듯이 : 반듯하게 **예** 관물을 <u>반듯이</u> 정리해라.
> ㉡ 바치다 / 받치다
> • 바치다 : 드리다. **예** 출세를 위해 청춘을 <u>바쳤다</u>.
> • 받치다 : 밑을 다른 물건으로 괴다. (우산이나 양산 따위를) 펴서 들다. **예** 책받침을 <u>받친다</u>.
> ㉢ 받히다 / 밭치다
> • 받히다 : '받다'의 피동사 **예** 쇠뿔에 <u>받혔다</u>.
> • 밭치다 : (술 따위를) 체로 거르다. **예** 술을 체에 <u>밭친다</u>.
> ㉣ 아름 / 알음 / 앎
> • 아름 : 두 팔을 벌려서 껴안은 둘레의 길이 **예** 세 <u>아름</u> 되는 둘레
> • 알음 : 아는 것 **예** 전부터 <u>알음</u>이 있는 사이
> • 앎 : '알음'의 축약형 **예** <u>앎</u>이 힘이다.

≫ ANSWER

1.②

2 다음 중 표준 발음법에 대한 설명과 그 예시로 적절하지 않은 것은?

① 시계[시계/시게] : '예, 례' 이외의 'ㅖ'는 [ㅔ]로도 발음한다.

② 밟다[밥: 따] : 겹받침 'ㄳ', 'ㄵ', 'ㄼ, ㄽ, ㄾ', 'ㅄ'은 어말 또는 자음 앞에서 각각 [ㄱ, ㄴ, ㄹ, ㅂ]으로 발음한다.

③ 닳소[다: 쏘] : 'ㅎ(ㄶ, ㅀ)' 뒤에 'ㅅ'이 결합되는 경우에는, 'ㅅ'을 [ㅆ]으로 발음한다.

④ 쫓다[쫃따] : 받침 'ㄲ', 'ㅋ', 'ㅅ, ㅆ, ㅈ, ㅊ, ㅌ', 'ㅍ'은 어말 또는 자음 앞에서 각각 대표음 [ㄱ, ㄷ, ㅂ]으로 발음한다.

🔊(Point) ② 밟다[밥 : 따]는 표준 발음법 제10항 '겹받침 'ㄳ', 'ㄵ', 'ㄼ, ㄽ, ㄾ', 'ㅄ'은 어말 또는 자음 앞에서 각각 [ㄱ, ㄴ, ㄹ, ㅂ]으로 발음한다.'의 예외 사항으로 '다만, '밟-'은 자음 앞에서 [밥]으로 발음한다.'에 해당하는 예시이다.

3 다음 중 훈민정음에 대한 설명으로 옳지 않은 것은?

① 훈민정음은 '예의'와 '해례'로 구성되어 있다.

② '예의'에 실린 정인지서에서 훈민정음의 취지를 알 수 있다.

③ 훈민정음 세종의 어지를 통해 애민정신을 느낄 수 있다.

④ 상형의 원리를 이용하여 제자되었다.

🔊(Point) ② 정인지서는 초간본 훈민정음 중 '해례' 부분 마지막에 실려 있으며 훈민정음 창제의 취지, 정의, 의의, 가치, 등을 설명한 글이다.

> ☆ **Plus tip 훈민정음의 예의와 해례**
> 훈민정음의 '예의'에는 세종의 서문과 훈민정음의 음가 및 운용법에 대한 설명이 들어있고 '해례'에는 임금이 쓴 '예의' 부분을 예를 들어 해설하는 내용으로 이루어져 있다.

» ANSWER

2.② 3.②

4 다음 글을 읽고 알 수 있는 내용이 아닌 것은?

> 우리나라에 주로 나타나는 참나무 종류는 여섯 가지인데 각각 신갈나무, 떡갈나무, 상수리나무, 굴참나무, 갈참나무, 졸참나무라고 부른다. 참나무를 구별하는 가장 쉬운 방법은 잎을 보고 판단하는 것이다. 잎이 길고 가는 형태를 띤다면 상수리나무나 굴참나무임이 분명하다. 그 중에서 잎 뒷면이 흰색인 것이 굴참나무이다. 한편 나뭇잎이 크고 두툼한 무리에는 신갈나무와 떡갈나무가 있는데, 떡갈나무는 잎의 앞뒤에 털이 빽빽이 나 있지만 신갈나무는 그렇지 않다. 졸참나무와 갈참나무는 다른 참나무들보다 잎이 작으며, 잎자루라고 해서 나무줄기에 잎이 매달린 부분이 1~2센티미터 정도로 길다. 졸참나무는 참나무들 중에서 잎이 가장 작고, 갈참나무는 잎이 두껍고 뒷면에 털이 있어서 졸참나무와 구별된다. 참나무의 이름에도 각각의 유래가 있다. 신갈나무라는 이름은 옛날 나무꾼들이 숲에서 일을 하다가 짚신 바닥이 해지면 이 나무의 잎을 깔아서 신었기 때문에 '신을 간다'는 의미에서 붙여졌다고 한다. 떡갈나무 역시 이름 그대로 떡을 쌀 만큼 잎이 넓은 나무라고 하여 붙여진 이름인데 실제 떡갈나무 잎으로 떡을 싸 놓으면 떡이 쉬지 않고 오래 간다고 한다. 이는 떡갈나무 잎에 들어있는 방부성 물질 때문이다.

① 참나무는 보는 것만으로도 종류를 구분할 수 있다.
② 잎이 길고 가늘며 잎 뒷면이 흰색인 것은 상수리나무이다.
③ 떡갈나무는 잎이 크고 두툼하며 잎의 앞뒤에 털이 빽빽이 나있다.
④ 참나무의 이름에는 각각 유래가 있다.

🔊 **Point** ② 잎이 길고 가늘며 잎 뒷면이 흰색인 것은 굴참나무이다.

≫ ANSWER
4.②

5 다음 밑줄 친 내용의 예시로 적절하지 않은 것은?

> 두 개의 용언이 어울려 한개의 용언이 될 적에, <u>앞말의 본뜻이 유지되고 있는 것</u>은 그 원형을 밝히어 적고, 그 본뜻에서 멀어진 것은 밝히어 적지 아니한다.

① 드러나다   ② 늘어나다
③ 벌어지다   ④ 접어들다

📢 Point '드러나다' 앞말이 본뜻에서 멀어져 밝혀 적지 않는 예이다.

> 🍎 **Plus tip** 한글 맞춤법 제4장 제15항 [붙임1]
> 두 개의 용언이 어울려 한 개의 용언이 될 적에, 앞말의 본뜻이 유지되고 있는 것은 그 원형을 밝히어 적고, 그 본뜻에서 멀어진 것은 밝히어 적지 아니한다.
> ㉠ 앞말의 본뜻이 유지되고 있는 것
> 　넘어지다 늘어나다 늘어지다 돌아가다 되짚어가다 들어가다 떨어지다 엎어지다 접어들다 틀어지다 흩어지다
> ㉡ 본뜻에서 멀어진 것
> 　드러나다 사라지다 쓰러지다

6 다음 밑줄 친 부분과 어울리는 한자성어는?

> 초승달이나 보름달은 보는 이가 많지마는, 그믐달은 보는 이가 적어 그만큼 외로운 달이다. 객창한등(客窓寒燈)에 <u>정든 님 그리워 잠 못 들어 하는 분</u>이나, 못 견디게 쓰린 가슴을 움켜잡은 무슨 한(恨) 있는 사람이 아니면, 그 달을 보아 주는 이가 별로 없을 것이다.

① 동병상련(同病相憐)   ② 불립문자(不立文字)
③ 각골난망(刻骨難忘)   ④ 오매불망(寤寐不忘)

📢 Point '오매불망'은 '자나 깨나 잊지 못함'의 의미이다.
　① 같은 병을 앓는 사람끼리 서로 가엾게 여긴다는 뜻으로, 어려운 처지에 있는 사람끼리 서로 가엾게 여김을 이르는 말
　② 불도의 깨달음은 마음에서 마음으로 전하는 것이므로 말이나 글에 의지하지 않는다는 말
　③ 남에게 입은 은혜가 뼈에 새길 만큼 커서 잊히지 아니함

» ANSWER
5.① 6.④

7 다음 주어진 시에 대한 해석으로 적절하지 않은 것은?

> 비개인 긴 둑에 풀빛이 짙은데
> 님 보내는 남포에 슬픈 노래 흐르는구나
> 대동강 물이야 어느 때나 마를 것인가
> 이별의 눈물 해마다 푸른 물결에 더하여지네.
>
> — 정지상, 송인 —

① 아름다운 자연과 화자의 처지를 대비하여 화자의 슬픔을 고조시키고 있다.
② 기승전결의 4단 구성을 취한다.
③ 화자는 대동강 물이 마를 때 이별의 고통에서 벗어날 수 있다.
④ 대동강의 푸른 물결과 이별의 눈물을 동일시하여 슬픔의 깊이가 확대되고 있다.

🔊 (Point) ③ '대동강 물이야 어느 때나 마를 것인가'에서 설의법을 사용하고 있다. 이별의 눈물이 더해져 마를 리 없는 대동강을 통해 이별의 슬픔을 강조하여 나타내는 것으로 대동강 물이 마를 때 이별의 고통에서 벗어날 수 있다는 해석은 적절하지 않다.
① '긴 둑에 풀빛이 짙은데'에서 나타나는 아름다운 자연과 그 곳에서 슬픈 노래를 듣는 화자의 처지가 대비되며 화자의 슬픔이 고조되고 있다.
② 각 행마다 기승전결의 구조를 취하고 있다.
④ 이별의 슬픔을 표현한 '눈물'을 대동강의 푸른 물결과 동일시하며 화자가 느끼는 슬픔을 확대하여 표현하고 있다.

» ANSWER

7.③

8 다음 주어진 글에서 루카치의 주장으로 옳은 것은?

> 키르케의 섬에 표류한 오디세우스의 부하들은 키르케의 마법에 걸려 변신의 형벌을 받았다. 변신의 형벌이란 몸은 돼지로 바뀌었지만 정신은 인간의 것으로 남아 자신이 돼지가 아니라 인간이라는 기억을 유지해야 하는 형벌이다. 그 기억은, 돼지의 몸과 인간의 정신이라는 기묘한 결합의 내부에 견딜 수 없는 비동일성과 분열이 담겨 있기 때문에 고통스럽다. "나는 돼지이지만 돼지가 아니다, 나는 인간이지만 인간이 아니다"라고 말해야만 하는 것이 비동일성의 고통이다.
>
> 바로 이 대목이 현대 사회의 인간을 '물화(物化)'라는 개념으로 파악하고자 했던 루카치를 전율케 했다. 물화된 현대 사회에서 인간은 상품이 되었으면서도 인간이라는 것을 기억하는, 따라서 현실에서 소외당한 자신을 회복하려는 가혹한 노력을 경주해야 하는 존재이다. 자신이 인간이라는 점을 기억하고 있지 않다면 그에게 구원은 구원이 아닐 것이므로, 인간이라는 본질을 계속 기억하는 일은 그에게 구원의 첫째 조건이 된다. 키르케의 마법으로 변신의 계절을 살고 있지만, 자신이 기억을 계속 유지하면 그 계절은 영원하지 않을 것이라는 희망을 가질 수 있다. 그는 소외 없는 저편의 세계, 구원과 해방의 순간을 기다린다.

① 인간이 현대 사회에서 물화된 자신을 받아들이지 않는 것은 큰 고통이다.
② 현대 사회에서 인간은 자신의 본질을 인지하고 이를 회복하기 위해 노력해야 한다.
③ 인간은 살아가기 위해서 왜곡된 현실을 받아들이고 새롭게 적응해야만 한다.
④ 현대 사회는 인간의 내면을 분열시키고 파괴하기 때문에 사회로부터 도피해야 한다.

📢(Point) 루카치는 현대 사회에서 인간은 상품이 되었으면서도 인간이라는 것을 기억하는, 따라서 현실에서 소외당한 자신을 회복하려는 가혹한 노력을 해야 하는 존재라고 말한다. 인간은 자신이 인간이라는 본질을 기억하고 있어야만 구원에 의미가 있으며 해방의 순간을 기다릴 수 있다.

» ANSWER

8.②

9 다음 밑줄 친 부분과 가장 가까운 의미로 쓰인 것은?

> 저 멀리 연기를 뿜으며 앞서가는 기차의 <u>머리</u>가 보였다.

① 그는 우리 모임의 <u>머리</u> 노릇을 하고 있다.
② <u>머리</u>도 끝도 없이 일이 뒤죽박죽이 되었다.
③ 그는 테이블 <u>머리</u>에 놓인 책 한 권을 집어 들었다.
④ 주머니에 비죽이 술병이 <u>머리</u>를 내밀고 있었다.

📢 Point 제시된 문장에서 '머리'는 사물의 앞이나 위를 비유적으로 이르는 말로 쓰였다.
　　① 단체의 우두머리
　　② 일의 시작이나 처음을 비유적으로 이르는 말
　　③ 한쪽 옆이나 가장자리

10 다음 빈칸에 들어갈 단어로 가장 적절한 것은?

> 아스피린의 (　　)이 심장병 예방에 효과가 있을 수 있다는 것이 밝혀졌다. 심장병 환자와 심장병 환자 중 발병 전에 정기적으로 아스피린을 (　　)해 온 사람의 비율은 0.9%였지만, 기타 환자 중 정기적으로 아스피린을 (　　)해 온 사람의 비율은 4.9%였다. 환자 1만 524명을 대상으로 한 후속 연구에서도 유사한 결과가 나타났다. 즉 심장병 환자 중에서 3.5%만이 정기적으로 아스피린을 (　　)해 왔다고 말한 반면, 기타 환자 중에서 그렇게 말한 사람은 7%였다.

① 복용　　　　　　　　　　　② 흡수
③ 섭취　　　　　　　　　　　④ 음용

📢 Point ① 약을 먹음
　　② 빨아서 거두어들임
　　③ 좋은 요소를 받아들임
　　④ 마시는 데 씀

» ANSWER
9.④　10.①

11 다음의 문장 중 이중피동이 사용된 사례를 모두 고른 것은?

> ㉠ 이윽고 한 남성이 산비탈에 놓여진 사다리를 타고 오르기 시작했다.
>
> ㉡ 그녀의 눈에 눈물이 맺혀졌다.
>
> ㉢ 자장면 네 그릇은 그들 두 사람에 의해 단숨에 비워졌다.
>
> ㉣ 그는 바람에 닫혀진 문을 바라보고 있었다.

① ㉡, ㉢, ㉣　　　　　　　　　② ㉠, ㉡, ㉣

③ ㉠, ㉢, ㉣　　　　　　　　　④ ㉠, ㉡, ㉢

📢(Point) 이중피동은 글자 그대로 피동이 한 번 더 진행된 상태임을 의미하며, 이는 비문으로 간주된다.
㉠ 놓여진 : 놓다 → 놓이다(피동) → 놓여지다(이중피동)
㉡ 맺혀졌다 : 맺다 → 맺히다(피동) → 맺혀지다(이중피동)
㉢ 비워졌다 : 비우다 → 비워졌다('비워지다'라는 피동형의 과거형이므로 이중피동이 아니다.)
㉣ 닫혀진 : 닫다 → 닫히다(피동) → 닫혀지다(이중피동)
따라서 이중피동이 사용된 문장은 ㉠, ㉡, ㉣이 된다.

12 밑줄 친 부분의 표기가 바르지 않은 것은?

① 그는 우표 수집에 있어서는 <u>마니아</u> 수준이다.

② 어머니께서 <u>마늘쫑</u>으로 담그신 장아찌를 먹고 싶다.

③ 그녀는 <u>새침데기</u>처럼 나에게 한 마디 말도 하지 않았다.

④ 그 제품에 대한 <u>라이선스</u>를 획득한 일은 우리에겐 행운이었다.

📢(Point) ② 마늘쫑 → 마늘종

13 다음 중 〈보기〉의 문장이 들어갈 위치로 가장 적절한 것은?

〈보기〉

예컨대 우리는 조직에 대해 생각할 때 습관적으로 위니 아래이니 하며 공간적으로 생각하게 된다. 우리는 이론이 마치 건물인 양 생각하는 경향이 있어서 기반이나 기본구조 등을 말한다.

① 과거에는 종종 언어의 표현 기능 면에서 은유가 연구되었지만, 사실 은유는 말의 본질적 상태 중 하나이다. ② 언어는 한 종류의 현실에서 또 다른 현실로 이동함으로써 그 효력을 발휘하며, 따라서 본질적으로 은유적이다. ③ 어떤 이들은 기술과학 언어에는 은유가 없어야 한다고 역설하지만, 은유적 표현들은 언어 그 자체에 깊이 뿌리박고 있다. ④ '토대'와 '상부 구조'는 마르크스주의에서 기본 개념들이다. 데리다가 보여 주었듯이, 심지어 철학에도 은유가 스며들어 있는데 단지 인식하지 못할 뿐이다.

🔊 **Point** 주어진 문장은 우리가 '조직'과 '이론'을 생각할 때 습관적으로 그것들을 은유적으로 사고하는 경향이 있다는 내용이고 이는 즉 우리의 언어 자체에 은유가 뿌리박고 있다는 것의 예시이다. 그러므로 ③ 문장 뒤인 ④에 들어가는 것이 적절하다.

14 다음 중 맞춤법에 맞게 쓰인 말은?
① 회수(回數)
② 갯수(個數)
③ 셋방(貰房)
④ 전세방(傳貰房)

🔊 **Point** 한자어에는 사이시옷을 붙이지 않는 것을 원칙으로 하되, '곳간(庫間), 셋방(貰房), 숫자(數字), 찻간(車間), 툇간(退間), 횟수(回數)'는 사이시옷을 받치어 적는다.
① 회수 → 횟수(回數)
② 갯수 → 개수(個數)
④ 전셋방 → 전세방(傳貰房)

» **ANSWER**
13.④ 14.③

15 다음 빈칸에 들어갈 문장으로 적절한 것은?

> 1970년대 이전까지 정신이 멀쩡한 사람에게도 환각이 흔히 일어난다는 사실을 알아차리지 못했던 것은 어쩌면 그러한 환각이 어떻게 일어나는지에 관한 이론이 없었기 때문일 것이다. 그러다 1967년 폴란드의 신경생리학자 예르지 코노르스키가 『뇌의 통합적 활동』에서 '환각의 생리적 기초'를 여러 쪽에 걸쳐 논의했다. 코노르스키는 '환각이 왜 일어나는가?'라는 질문을 뒤집어 '환각은 왜 항상 일어나지 않는가? 환각을 구속하는 것은 무엇인가?'라는 질문을 제기했다. 그는 '지각과 이미지와 환각을 일으킬 수 있는' 역동적 체계, '환각을 일으키는 기제가 우리 뇌 속에 장착되어 있지만 몇몇 예외적인 경우에만 작동하는' 체계를 상정했다. 그리고 감각기관에서 뇌로 이어지는 구심성(afferent) 연결뿐만 아니라 반대 방향으로 진행되는 역방향(retro) 연결도 존재한다는 것을 보여주는 증거를 수집했다. 그런 역방향 연결은 구심성 연결에 비하면 빈약하고 정상적인 상황에서는 활성화되지 않는다. 하지만 (   )

① 코노르스키는 바로 그 역방향 연결이 환각 유도에 필수적인 해부학적, 생리적 수단이 된다고 보았다.
② 역방향 연결이 발생할 때는 반드시 구심성 연결이 동반된다는 사실이 발견되었다.
③ 코노르스키는 정상적인 상황에서 역방향 연결이 발생하는 경우를 찾고 있는 것이다.
④ 역방향 연결이 발생하였다고 하더라고 감각기관이 외부상황을 인지하는 데에는 무리가 없다.

📢 **(Point)** 주어진 글은 코노르스키가 환각의 발생에 대한 이론을 연구하여 환각이 일어나는 예외적인 체계를 상정했으며, 뇌에서 감각기관으로 연결되는 역방향 연결의 존재를 증명하며 이것이 환각을 일으키는 수단이 된다는 것을 이야기하고 있다.

» ANSWER

15.①

16 다음의 밑줄 친 부분과 같은 원리로 발음되지 않는 것은?

> 그렇게 강조해서 시험 문제를 <u>짚어</u> 주었는데도 성적이 그 모양이냐.

① 검둥개가 <u>낳은</u> 강아지는 꼭 어미의 품에서 잠들었다.
② 꽃밭에서 가장 예쁘게 핀 꽃만 <u>꺾어서</u> 만든 꽃다발이다.
③ 엄마가 만든 <u>옷은</u> 항상 품이 커서 입기 편했다.
④ 소년은 사람들의 시선이 부끄러운지 <u>낯이</u> 붉어졌다.

📢 (Point) 밑줄 친 '짚어'는 표준 발음법 13항 연음법칙에 따라 [지퍼]로 발음된다.
① 낳은→[나은] : 'ㅎ(ㄶ, ㅀ)' 뒤에 모음으로 시작된 어미나 접미사가 결합되는 경우에는 'ㅎ'을 발음하지 않는다.

> ☆ Plus tip 표준 발음법 제13항 (연음법칙)
> 홑받침이나 쌍받침이 모음으로 시작된 조사나 어미, 접미사와 결합되는 경우에는 제 음가대로 뒤 음절 첫소리로 옮겨 발음한다.
> 깎아[까까] 옷이[오시] 있어[이써] 낮이[나지] 꽂아[꼬자] 꽃을[꼬츨] 쫓아[쪼차] 밭에[바테] 앞으로[아프로] 덮이다[더피다]

>> ANSWER
16.①

17 밑줄 친 단어와 상반된 의미를 지닌 것을 고르시오.

> 그가 누구보다도 <u>예리한</u> 칼날을 품고 있다.

① 신랄하다   ② 첨예하다
③ 예민하다   ④ 둔탁하다

🔊 **Point** '예리(銳利)하다'의 의미
- ㉠ 끝이 뾰족하거나 날이 선 상태에 있다.
- ㉡ 관찰이나 판단이 정확하고 날카롭다.
- ㉢ 눈매나 시선 따위가 쏘아보는 듯 매섭다.
- ㉣ 소리가 신경을 거스를 만큼 높고 가늘다.
- ㉤ 기술이나 재주가 정확하고 치밀하다.

① 신랄(辛辣)하다 : 사물의 분석이나 비평 따위가 매우 날카롭고 예리하다.
② 첨예(尖銳)하다 : 날카롭고 뾰족하다. 또는 상황이나 사태 따위가 날카롭고 격하다.
③ 예민(銳敏)하다 : 무엇인가를 느끼는 능력이나 분석하고 판단하는 능력이 빠르고 뛰어나다.
④ 둔탁(鈍濁)하다 : 성질이 굼뜨고 흐리터분하다. 소리가 굵고 거칠며 깊다. 생김새가 거칠고 투박하다.

18 다음 중 맞춤법에 맞게 쓰인 문장은?

① 일이 잘 됐다.
② 저 산 너머 바다가 있다.
③ 오늘 경기는 반듯이 이겨야 한다.
④ 골목길에서 그만 놓히고 말았다.

🔊 **Point** ① 됬다 → 됐다
③ 반듯이 → 반드시
④ 놓히고 → 놓치고

19 다음 주어진 글의 내용 전개 방식으로 가장 적절한 것은?

> 세계에서 언어가 사라져 가는 현상은 우리나라 지역 방언에서도 벌어지고 있다. 특히 지역 방언의 어휘는 젊은 세대 사이에서 빠르게 사라져 가고 있는 실정이다. 일례로 한 조사에 따르면 우리 지역의 방언 어휘 중 특정 단어들을 우리 지역 초등학생의 80% 이상, 중학생의 60% 이상이 '전혀 사용하지 않는다.'라고 답했다. 또한 2010년에 유네스코에서는 제주 방언을 소멸 직전의 단계인 4단계 소멸 위기 언어로 등록하였다.
>
> 지역 방언이 사라져 가는 원인은 복합적이다. 서울로 인구가 집중되면서 지역 방언을 사용하는 인구가 감소하였으며, 대중 매체의 영향으로 표준어가 확산되어 가는 것도 한 원인이다.
>
> 일부 학생들은 표준어로도 충분히 대화할 수 있다며 지역 방언이 꼭 필요하냐고 말할 수도 있다. 그럼에도 우리는 왜 지역 방언 보호에 관심을 가져야 하는 것일까? 그것은 지역 방언의 가치 때문이다. 지역 방언은 표준어만으로는 표현하기 어려운 감정과 정서의 표현을 가능하게 한다. 그리고 '다슬기' 외에 '올갱이, 데사리, 민물고둥'과 같이 동일한 대상을 지역마다 다르게 표현하는 지역 방언이 있는 것처럼 지역 방언은 우리말의 어휘를 더욱 풍부하게 만드는 바탕이 된다.
>
> 지역 방언은 우리의 소중한 언어문화 자산이다. 지역 방언의 세계문화유산 지정이 시급하다. 사라져 가는 지역 방언의 보호에 관심을 기울이자.

① 대상의 인과 관계에 초점을 맞추어 설명하고 있다.
② 구체적인 사례를 통해 자신의 주장을 뒷받침하고 있다.
③ 대상의 유사점을 중심으로 특징을 설명하고 있다.
④ 용어의 정의를 통해 정확한 개념 이해를 돕고 있다.

📢(Point) 화자는 구체적인 사례를 통해 지역 방언이 사라져 가고 있는 실정을 지적함은 물론 지역 방언의 필요성까지 설명하면서 자신의 주장을 뒷받침하고 있다.

» ANSWER

19.②

20 다음 글을 쓴 필자의 주장으로 옳은 것은?

> '문명인'과 구분하여 '원시인'에 대해 적당한 정의를 내리는 일은 불가능하지 않지만 어려운 일이다. 우리들 자신의 문명을 표준으로 삼는 일조차 그 문명의 어떤 측면이나 특징을 결정적인 것으로 생각하는가 하는 문제가 발생한다. 보통 규범 체계, 과학 지식, 기술적 성과와 같은 요소를 생각할 수 있다. 이러한 측면에서 원시문화를 살펴보면, 현대의 문화와 동일한 종류는 아니지만, 같은 기준선상에서의 평가가 가능하다. 대부분의 원시부족은 고도로 발달된 규범 체계를 갖고 있었다. 헌법으로 규정된 국가조직과 관습으로 규정된 부족조직 사이에는 본질적인 차이가 없으며, 원시인들 또한 국가를 형성하기도 했다. 또한 원시인들의 법은 단순한 체계를 가지고 있었지만 정교한 현대의 법체계와 마찬가지로 효과적인 강제력을 지니고 있었다. 과학이나 기술 수준 역시 마찬가지다. 폴리네시아의 선원들은 천문학 지식이 매우 풍부하였는데 그것은 상당한 정도의 과학적 관찰을 필요로 하는 일이었다. 에스키모인은 황폐한 국토에 내장되어 있는 빈곤한 자원을 최대한 활용할 수 있는 기술을 발전시켰다. 현대의 유럽인이 같은 조건 하에서 생활한다면, 북극지방의 생활에 적응하기 위하여 그들보다 더 좋은 도구를 만들어 내지 못할 것이며, 에스키모인의 생활양식을 응용해야 한다.
>
> 원시인을 말 그대로 원시인이라고 느낄 수 있는 부분은 그나마 종교적인 면에서일 뿐이다. 우리의 관점에서 보면 다양한 형태의 원시종교는 비논리적이지는 않더라도 매우 불합리하다. 원시종교에서는 주술이 중요한 역할을 담당 하지만, 문명사회에서는 주술이나 주술사의 힘을 믿는 경우는 거의 찾아볼 수 없다.

① 사회학적으로 '원시인'에 대한 명확한 정의를 내릴 수 있다.
② 원시문화는 현대와 동일한 종류의 평가기준으로 판단할 수 있다.
③ 원시부족에게도 일종의 현대의 법에 준하는 힘을 가진 체계를 가지고 있다.
④ 종교적 측면에서 원시인과 문명인은 거의 구분할 수 없을 정도로 공통점을 가지고 있다.

📢 **Point** ③ 원시인들의 법은 단순한 체계를 가지고 있었지만 정교한 현대의 법체계와 마찬가지로 효과적인 강제력을 지니고 있었다. 과학이나 기술 수준 역시 마찬가지다.
　 ① '문명인'과 구분하여 '원시인'에 대해 적당한 정의를 내리는 일은 불가능하지 않지만 어려운 일이다.
　 ② 필자는 원시문화를 현대의 문화와 동일한 종류는 아니지만, 같은 기준선상에서의 평가가 가능하다고 말한다.
　 ④ 원시인을 말 그대로 원시인이라고 느낄 수 있는 부분은 그나마 종교적인 면에서일 뿐이다.

》 ANSWER
20.③

1 〈보기〉와 같이 발음할 때 적용되는 음운 변동 규칙이 아닌 것은?

> 〈보기〉
> 밭이랑 →[반니랑]

① ㄴ 첨가

② 두음법칙

③ 음절의 끝소리 규칙

④ 비음화

📢(Point) 밭이랑 →[받이랑](음절의 끝소리 규칙) →[받니랑](ㄴ 첨가) →[반니랑](비음화)

> ☆ Plus tip 음절의 끝소리 규칙
>
> 국어에서는 'ㄱ, ㄴ, ㄷ, ㄹ, ㅁ, ㅂ, ㅇ'의 일곱 자음만이 음절의 끝소리로 발음된다.
>
> ㉠ 음절의 끝자리의 'ㄲ, ㅋ'은 'ㄱ'으로 바뀐다.
>
>   예 밖[박], 부엌[부억]
>
> ㉡ 음절의 끝자리 'ㅅ, ㅆ, ㅈ, ㅊ, ㅌ, ㅎ'은 'ㄷ'으로 바뀐다.
>
>   예 옷[옫], 젖[젇], 히읗[히읃]
>
> ㉢ 음절의 끝자리 'ㅍ'은 'ㅂ'으로 바뀐다.
>
>   예 숲[숩], 잎[입]
>
> ㉣ 음절 끝에 겹받침이 올 때에는 하나의 자음만 발음한다.
>
> • 첫째 자음만 발음: ㄳ, ㄵ, ㄼ, ㄽ, ㄾ, ㅄ
>
>   예 삯[삭], 앉다[안따], 여덟[여덜], 외곬[외골], 핥다[할따]
>
> 예외… 자음 앞에서 '밟-'은 [밥], '넓-'은 '넓죽하다[넙쭈카다]', '넓둥글다[넙뚱글다]'의 경우에만 [넙]으로 발음한다.
>
> • 둘째 자음만 발음: ㄺ, ㄻ, ㄿ
>
>   예 닭[닥], 맑다[막따], 삶[삼], 젊다[점따], 읊다[읖따 → 읍따]
>
> ㉤ 다음에 모음으로 시작하는 음절이 올 경우
>
> • 조사나 어미, 접미사와 같은 형식 형태소가 올 경우: 다음 음절의 첫소리로 옮겨 발음한다.
>
>   예 옷이[오시], 옷을[오슬], 값이[갑씨], 삶이[살미]
>
> • 실질 형태소가 올 경우: 일곱 자음 중 하나로 바꾼 후 다음 음절의 첫소리로 옮겨 발음한다.
>
>   예 옷 안[옫안→ 오단], 값없다[갑업다→ 가법따]

>> ANSWER

1.②

2 다음 중 '서르→서로'로 변한 것과 관계없는 음운 현상은?

① 믈→물
② 불휘→뿌리
③ 거붑→거북
④ 즁싱→즘싱→즘승→짐승

🔊 (Point) '서르'가 '서로'로 변한 것은 이화 · 유추 · 강화 현상과 관계있다.
  ① 원순 모음화
  ② 강화
  ③ 이화, 강화
  ④ 즁싱 > 즘싱(이화) > 즘승(유추) > 짐승(전설모음화)

3 다음 글의 밑줄 친 ㉠~㉣의 어휘가 의미상 올바르게 대체되지 않은 것은?

> 2019 문화체육관광부 장관배 전국 어울림마라톤 대회가 오는 9월 29일 태화강 국가정원 ㉠일원에서 개최된다. 19일 울산시장애인체육회에 따르면, 울산시장애인체육회가 주최 · 주관하고 문화체육관광부 등에서 ㉡후원하는 이번 대회는 태화강 국가지정 기념사업 일환으로 울산에서 처음 개최되는 전국 어울림마라톤 대회이며 태화강 국가정원 일원에서 울산 최초로 10km 마라톤 코스 ㉢인증을 받아 실시된다.
> 10km 경쟁 마라톤과 5km 어울림부는 장애인과 비장애인이 함께 마라톤 코스를 달릴 예정이다. 참가비는 장애인은 무료이며, 비장애인은 종목별 10,000원이다. 참가자 전원에게는 기념셔츠와 메달, 간식이 제공된다.
> 울산시장애인체육회 사무처장은 "이번 대회가 장애인과 비장애인이 서로 이해하며 마음의 벽을 허무는 좋은 기회가 되고, 아울러 산업도시 울산에 대한 이미지 제고에도 기여를 하게 될 것"이라며 기대감을 표했다.

① ㉠ 일대
② ㉡ 후견
③ ㉢ 인거
④ ㉣ 더불어

🔊 (Point) ③ '인거'(引據)는 '글 따위를 인용하여 근거로 삼음'의 의미로 '인증'(引證)과 유의어 관계에 있다. 그러나 주어진 글에서 쓰인 ㉢의 '인증'은 '문서나 일 따위가 합법적인 절차로 이루어졌음을 공적 기관이 인정하여 증명함'의 의미로 쓰인 '認證'이므로 '인거'로 대체할 수 없다.
  ① '일원'(一圓)은 '일정한 범위의 어느 지역 전부'를 의미하며, '일대'(一帶)와 유의어 관계가 된다.
  ② '후원'(後援)과 '후견'(後見)은 모두 '사람이나 단체 따위의 뒤를 돌보아 줌'의 의미를 갖는다.
  ④ '아울러'와 '더불어'는 모두 순우리말로, '거기에다 더하여'의 의미를 지닌 유의어 관계의 어휘이다.

┃4~5┃ 다음 시를 읽고 물음에 답하시오.

> 아무도 그에게 수심(水深)을 일러 준 일이 없기에
> 흰 나비는 도무지 바다가 무섭지 않다.
>
> 청(靑)무우밭인가 해서 내려 갔다가는
> 어린 날개가 물결에 절어서
> 공주처럼 지쳐서 돌아온다.
>
> 삼월달 바다가 꽃이 피지 않아서 서글픈
> 나비 허리에 새파란 초생달이 시리다.

4 다음 시에 영향을 미친 서구의 문예 사조는?

① 사실주의   ② 모더니즘
③ 실존주의   ④ 낭만주의

🔊(Point) 제시된 시는 김기림의 「바다와 나비」로 1930년대 모더니즘 문학의 대표작이다.

5 제시된 시의 주제로 가장 적절한 것은?

① 자연에서 발견한 가치를 통한 인생의 소중함을 깨달음
② 이별을 통한 영혼의 성숙
③ 새로운 세계에 대한 동경과 좌절
④ 두려움을 극복하고자 하는 의지

🔊(Point) 제시된 시에서 흰나비의 모습을 통해 바다라는 새로운 세계를 동경하고 바다의 물결에 날개가 젖어
좌절하는 나비의 모습을 볼 수 있다. 따라서 이 시의 주제로 ③이 가장 적절하다.

> ⭐Plus tip 김기림의 「바다와 나비」
> ㉠ 주제: 새로운 세계에 대한 동경과 좌절
> ㉡ 제재: 나비와 바다
> ㉢ 갈래: 자유시, 서정시
> ㉣ 성격: 주지적, 상징적, 감각적
> ㉤ 특징: 1연: 바다의 무서움을 모르는 나비
>   2연: 바다로 도달하지 못하고 지쳐서 돌아온 나비
>   3연: 냉혹한 현실과 좌절된 나비의 꿈

》ANSWER
4.② 5.③

6 다음 대한 설명으로 가장 적절한 것은?

> ㉠ 옷 안[오단]   ㉡ 잡히다[자피다]
>
> ㉢ 국물[궁물]   ㉣ 흙탕물[흑탕물]

① ㉠ : 두 가지 유형의 음운 변동이 나타난다.
② ㉡ : 음운 변동 전의 음운 개수와 음운 변동 후의 음운 개수가 서로 다르다.
③ ㉢ : 인접한 음의 영향을 받아 조음 위치가 같아지는 동화 현상이 나타난다.
④ ㉣ : 음절의 끝소리 규칙이 적용되었다.

🔊 **Point** ㉠ 옷 안→[온안](음절의 끝소리 규칙)→[오단](연음) : 연음은 음운 변동에 해당하지 않는다.
㉡ 잡히다→[자피다](축약) : 축약으로 음운 개수가 하나 줄어들었다.
㉢ 국물→[궁물](비음화) : 조음 방법이 같아지는 동화 현상이 나타난다.
㉣ 흙탕물→[흑탕물](자음군단순화) : 음절의 끝소리 규칙이 아닌 자음군단순화(탈락)이 적용된 것이다.

7 '꽃이 예쁘게 피었다.'라는 문장에 대한 설명으로 옳지 않은 것은?

① 단어의 수는 4개이다.
② 8개의 음절로 되어 있다.
③ 실질 형태소는 4개이다.
④ 3개의 어절로 되어 있다.

🔊 **Point** ① '꽃 / 이 / 예쁘게 / 피었다'로 단어의 수는 4개이다.
② '꼬 / 치 / 예 / 쁘 / 게 / 피 / 어 / 따'로 8개의 음절로 되어 있다.
③ '꽃, 예쁘–, 피–'로 실질 형태소는 3개이다.
④ '꽃이 / 예쁘게 / 피었다'로 3개의 어절로 되어 있다.

» ANSWER

6.② 7.③

8 다음 글의 중심내용으로 적절한 것은?

> 한 번에 두 가지 이상의 일을 할 때 당신은 마음에게 흩어지라고 지시하는 것입니다. 그것은 모든 분야에서 좋은 성과를 내는 데 필수적인 요소가 되는 집중과는 정반대입니다. 당신은 자신의 마음이 분열되는 상황에 처하도록 하는 경우도 많습니다. 마음이 흔들리도록, 과거나 미래에 사로잡히도록, 문제들을 안고 끙끙거리도록, 강박이나 충동에 따라 행동하는 때가 그런 경우입니다. 예를 들어, 읽으면서 동시에 먹을 때 마음의 일부는 읽는 데 가 있고, 일부는 먹는 데 가 있습니다. 이런 때는 어느 활동에서도 최상의 것을 얻지 못합니다. 다음과 같은 부처의 가르침을 명심하세요. '걷고 있을 때는 걸어라. 앉아 있을 때는 앉아 있어라. 갈팡질팡하지 마라.' 당신이 하는 모든 일은 당신의 온전한 주의를 받을 가치가 있는 것이어야 합니다. 단지 부분적인 주의를 받을 가치밖에 없다고 생각하면, 그것이 진정으로 할 가치가 있는지 자문하세요. 어떤 활동이 사소해 보이더라도, 당신은 마음을 훈련하고 있다는 사실을 명심하세요.

① 일을 시작하기 전에 먼저 사소한 일과 중요한 일을 구분하는 습관을 기르라.
② 한 번에 두 가지 이상의 일을 성공적으로 수행할 수 있도록 훈련하라.
③ 자신이 하는 일에 전적으로 주의를 집중하라.
④ 과거나 미래가 주는 교훈에 귀를 기울이라.

🔊 **Point** 화자는 문두에서 한 번에 두 가지 이상의 일을 하는 것은 마음에게 흩어지라고 지시하는 것이라고 언급한다. 또한 글의 중후반부에서 당신이 하는 모든 일은 당신의 온전한 주의를 받을 가치가 있는 것이어야 한다고 강조한다. 따라서 이 글의 중심 내용은 ③이 적절하다.

>> ANSWER

8.③

9 다음 글의 내용과 일치하지 않는 것은?

우리는 흔히 나무와 같은 식물이 대기 중에 이산화탄소로 존재하는 탄소를 처리해 주는 것으로 알고 있지만, 바다 또한 중요한 역할을 한다. 예를 들어 수없이 많은 작은 해양생물들은 빗물에 섞인 탄소를 흡수한 후에 다른 것들과 합쳐서 껍질을 만드는 데 사용한다. 결국 해양생물들은 껍질에 탄소를 가두어 둠으로써 탄소가 대기 중으로 다시 증발해서 위험한 온실가스로 축적되는 것을 막아 준다. 이들이 죽어서 바다 밑으로 가라앉으면 압력에 의해 석회석이 되는데, 이런 과정을 통해 땅속에 저장된 탄소의 양은 대기 중에 있는 것보다 수만 배나 되는 것으로 추정된다. 그 석회석 속의 탄소는 화산 분출로 다시 대기 중으로 방출되었다가 빗물과 함께 땅으로 떨어진다. 이 과정은 오랜 세월에 걸쳐 일어나는데, 이것이 장기적인 탄소 순환과정이다. 특별한 다른 장애 요인이 없다면 이 과정은 원활하게 일어나 지구의 기후는 안정을 유지할 수 있다.

그러나 불행하게도 인간의 산업 활동은 자연이 제대로 처리할 수 없을 정도로 많은 양의 탄소를 대기 중으로 방출한다. 영국 기상대의 피터 쿡스에 따르면, 자연의 생물권이 우리가 방출하는 이산화탄소의 영향을 완충할 수 있는 데에는 한계가 있기 때문에, 그 한계를 넘어서면 이산화탄소의 영향이 더욱 증폭된다. 지구 온난화가 걷잡을 수 없이 일어나게 되는 것은 두려운 일이다. 지구 온난화에 적응을 하지 못한 식물들이 한꺼번에 죽어 부패해서 그 속에 가두어져 있는 탄소가 다시 대기로 방출되면 문제는 더욱 심각해질 것이기 때문이다.

① 식물이나 해양생물은 기후 안정성을 유지하는 데에 기여한다.
② 생명체가 지니고 있던 탄소는 땅속으로 가기도 하고 대기로 가기도 한다.
③ 탄소는 화산 활동, 생명체의 부패, 인간의 산업 활동 등을 통해 대기로 방출된다.
④ 극심한 오염으로 생명체가 소멸되면 탄소의 순환 고리가 끊겨 대기 중의 탄소도 사라진다.

📢 (Point) ④ 걷잡을 수 없어진 지구 온난화에 적응을 하지 못한 식물들이 한꺼번에 죽어 부패하면 그 속에 가두어져 있는 탄소가 대기로 방출된다고 언급하고 있다. 따라서 생명체가 소멸되면 탄소 순환 고리가 끊길 수 있지만, 대기 중의 탄소가 사라지는 것은 아니다.

10 다음 중 제시된 문장의 밑줄 친 어휘와 같은 의미로 사용된 것을 고르면?

> 심사 위원들은 이번에 응시한 수험생들에 대해 대체로 높은 평가를 <u>내렸다</u>.

① 이 지역은 강우가 산발적으로 <u>내리는</u> 경향이 있다.

② 그녀는 얼굴의 부기가 <u>내리지</u> 않아 외출을 하지 않기로 했다.

③ 먹은 것을 <u>내리려면</u> 적당한 운동을 하는 것이 좋다.

④ 중대장은 적진으로 돌격하겠다는 결단을 <u>내리고</u> 소대장들을 불렀다.

🔊 Point ① 눈, 비, 서리, 이슬 따위가 오다.
② 쪘거나 부었던 살이 빠지다.
③ 먹은 음식물 따위가 소화되다. 또는 그렇게 하다.
④ 판단, 결정을 하거나 결말을 짓다.

11 다음 제시된 단어의 표준 발음으로 적절하지 않은 것은?

① 앞으로[아프로]

② 젊어[절머]

③ 값을[갑슬]

④ 헛웃음[허두슴]

🔊 Point ③ 겹받침이 모음으로 시작된 조사나 어미, 접미사와 결합되는 경우에는, 뒤엣것만을 뒤 음절 첫소리로 옮겨 발음한다. 이 경우, 'ㅅ'은 된소리로 발음한다. 따라서 '값을'은 [갑쓸]로 발음해야 한다.

» ANSWER
10.④ 11.③

12 다음 현상 중 일어난 시기가 빠른 순서대로 바르게 적은 것은?

> ㉠ ·(아래 아)음의 완전 소실　　　㉡ 치음 뒤 'ㅑ'의 단모음화
>
> ㉢ 초성글자 'ㆆ'의 소실　　　㉣ 구개음화

① ㉠㉢㉡㉣　　　　　　　　② ㉡㉣㉢㉠

③ ㉢㉣㉠㉡　　　　　　　　④ ㉣㉠㉡㉢

🔊 (Point) ·(아래 아)음이 완전히 소실되는 것은 18세기 중엽이며, 단모음화는 18세기 후반에 일어났다. 초성글자 'ㆆ'의 소실은 15세기 중엽에 일어났으며, 구개음화는 대체로 17세기 말～18세기 초에 나타난다.

13 국어의 주요한 음운 변동을 다음과 같이 유형화할 때 '홑이불'에 일어나는 음운 변동 유형으로 옳은 것은?

	변동 전		변동 후
㉠	XaY	→	XbY
㉡	XY	→	XaY
㉢	XabY	→	XcY
㉣	XaY	→	XY

① ㉠, ㉡　　　　　　　　② ㉠, ㉣

③ ㉡, ㉢　　　　　　　　④ ㉡, ㉣

🔊 (Point) ㉠ 교체, ㉡ 첨가, ㉢ 축약, ㉣ 탈락이다.
홑이불 → [혼이불](음절의 끝소리 규칙 : 교체) → [혼니불](ㄴ 첨가 : 첨가) → [혼니불](비음화 : 교체)

>> ANSWER

12.③ 13.①

14 다음 밑줄 친 서술어 중에 필요로 하는 문장 성분이 가장 많은 것은?

① 개나리꽃이 활짝 <u>피었다.</u>

② 철수는 훌륭한 의사가 <u>되었다.</u>

③ 영희는 철수에게 선물을 <u>주었다.</u>

④ 우리 강아지가 낯선 사람을 <u>물었다.</u>

> 📢(Point) ① '피었다'는 주어(개나리꽃이)를 필요로 하는 한 자리 서술어이다.
> ② '되었다'는 주어(철수는)와 보어(의사가)를 필요로 하는 두 자리 서술어이다.
> ③ '주었다'는 주어(영희는)와 부사어(철수에게), 목적어(선물을)를 필요로 하는 세 자리 서술어이다.
> ④ '물었다'는 주어(강아지가)와 목적어(사람을)를 필요로 하는 두 자리 서술어이다.

15 다음 글의 설명 방식과 가장 가까운 것은?

> 여름 방학을 맞이하는 학생들이 잊지 말아야 할 유의 사항이 있다. 상한 음식이나 비위생적인 음식 먹지 않기, 물놀이를 할 때 먼저 준비 운동을 하고 깊은 곳에 들어가지 않기, 외출할 때에는 부모님께 행선지와 동행인 말씀드리기, 외출한 후에는 손발을 씻고 몸을 청결하게 하기 등이다.

① 이등변 삼각형이란 두 변의 길이가 같은 삼각형이다.

② 그 친구는 평소에는 순한 양인데 한번 고집을 피우면 황소 같아.

③ 나는 산·강·바다·호수·들판 등 우리 국토의 모든 것을 사랑한다.

④ 잣나무는 소나무처럼 상록수이며 추운 지방에서 자라는 침엽수이다.

> 📢(Point) 제시문은 학생들이 잊지 말아야 할 유의사항들을 구체적 '예시'를 들어 설명하고 있으므로 답지도 이와 같이 '예시'로 이루어진 문장을 찾으면 된다.
> ① 정의 ② 비유 ③ 예시 ④ 비교

>> ANSWER

14.③ 15.③

16 다음 글의 빈칸에 들어갈 문장으로 가장 적절한 것은?

> 나무도마는 칼을 무수히 맞고도 칼을 밀어내지 않는다. 상처에 다시 칼을 맞아 골이 패고 물에 쓸리고 물기가 채 마르기 전에 또 다시 칼을 맞아도 리드미컬한 신명을 부른다. 가족이거나 가족만큼 가까운 사이라면 한번쯤 느낌직한, 각별한 예의를 차리지 않다 보니 날것의 사랑과 관심은 상대에게 상처주려 하지 않았으나 상처가 될 때가 많다. 칼자국은 ( ) 심사숙고하는 문어체와 달리 도마의 무늬처럼 걸러지지 않는 대화가 날것으로 살아서 가슴에 요동치기도 한다. 그러나 칼이 도마를 겨냥한 것이 아니라 단지 음식재료에 날을 세우는 것일 뿐이라는 걸 확인시키듯 때론 정감 어린 충고가 되어 찍히는 칼날도 있다.

① 나무도마를 상처투성이로 만든다.　　② 문어체가 아닌 대화체이다.
③ 세월이 지나간 자리이다.　　④ 매섭지만 나무도마를 부드럽게 만든다.

📢 **Point** 주어진 빈칸의 뒤에 오는 문장에서 문어체와 대화체의 특성을 설명하고 있으므로 빈칸에는 ②가 오는 것이 적절하다.

17 밑줄 친 부분이 다음과 같은 성격을 가지는 품사에 속하지 않는 것은?

> • 체언 앞에 놓여서 체언, 주로 명사를 꾸며준다.
> • 조사와 결합할 수 없으며 형태가 변하지 않는다.
> • 체언 중 수사와는 결합할 수 없다.

① <u>새</u> 옷　　② <u>외딴</u> 오두막집
③ <u>매우</u> 빠른　　④ <u>순</u> 우리말

📢 **Point** ①②④ 관형사 ③ 부사

> ☆ **Plus tip** 수식언
> ㉠ 관형사 … 체언을 꾸며 주는 구실을 하는 단어를 말한다. **예** 새 책, 헌 옷
> ㉡ 부사 … 주로 용언을 꾸며 주는 구실을 하는 단어를 말한다. **예** 빨리, 졸졸, 그러나

» ANSWER
16.② 17.③

18 어문 규정에 모두 맞게 표기된 문장은?

① 휴계실 안이 너무 시끄러웠다.

② 오늘은 웬지 기분이 좋습니다.

③ 밤을 세워 시험공부를 했습니다.

④ 아까는 어찌나 배가 고프던지 아무 생각도 안 나더라.

> 📢(Point) ① 휴계실 → 휴게실
> ② 웬지 → 왠지
> ③ 세워 → 새워

19 다음 중 발음이 옳은 것은?

① 아이를 안고[앙꼬] 힘겹게 계단을 올라갔다.

② 그는 이웃을 웃기기도[우ː 끼기도]하고 울리기도 했다.

③ 무엇에 홀렸는지 넋이[넉씨] 다 나간 모습이었지.

④ 무릎과[무릅과] 무릎을 맞대고 협상을 계속한다.

> 📢(Point) ① 안고[안ː꼬]
> ② 웃기기도[욷끼기도]
> ④ 무릎과[무릅꽈]

>> ANSWER

18.④ 19.③

20 〈보기 1〉의 사례와 〈보기 2〉의 언어 특성이 가장 잘못 짝지어진 것은?

〈보기 1〉

㉮ '영감(令監)'은 정삼품과 종이품 관원을 일컫던 말에서 나이 든 남편이나 남자 노인을 일컫는 말로 의미가 변하였다.

㉯ '물'이라는 의미의 말소리 [물]을 내 마음대로 [불]로 바꾸면 다른 사람들은 '물'이라는 의미로 이해할 수 없다.

㉰ '물이 깨끗해'라는 말을 배운 아이는 '공기가 깨끗해'라는 새로운 문장을 만들어 낸다.

㉱ '어머니'라는 의미를 가진 말을 한국어에서는 '어머니'로, 영어에서는 'mother'로, 독일어에서는 'mutter'라고 한다.

〈보기 2〉

㉠ 규칙성   ㉡ 역사성

㉢ 창조성   ㉣ 사회성

---

① ㉮ – ㉡   ② ㉯ – ㉣
③ ㉰ – ㉢   ④ ㉱ – ㉠

🔊 (Point) ④ ㉱는 자의성과 관련된 사례이다. 자의성은 언어의 '의미'와 '기호' 사이에는 필연적인 관계가 없다는 특성이다.

> ☆ Plus tip 언어의 특성
> ㉠ 기호성 : 언어는 의미라는 내용과 말소리 혹은 문자라는 형식이 결합된 기호로 나타난다.
> ㉡ 자의성 : 언어에서 의미와 소리의 관계가 임의적으로 이루어진다.
> ㉢ 사회성 : 언어가 사회적으로 수용된 이후에는 어느 개인이 마음대로 바꿀 수 없다.
> ㉣ 역사성 : 언어는 시간의 흐름에 따라 변한다.
> ㉤ 규칙성 : 모든 언어에는 일정한 규칙(문법)이 있다.
> ㉥ 창조성 : 무수히 많은 단어와 문장을 만들 수 있다.
> ㉦ 분절성 : 언어는 연속적으로 이루어져 있는 세계를 불연속적으로 끊어서 표현한다.

» ANSWER
20.④

1　다음 중 표기가 바르지 않은 것은?

　① 상추　　　　　　　　　② 아무튼

　③ 비로서　　　　　　　　④ 부리나케

　📢 **Point**　③ 비로서 → 비로소

> ☆ **Plus tip**　한글 맞춤법 제19항 '-이, -음'이 붙은 파생어의 적기
>
> 어간에 '-이'나 '-음/ㅁ'이 붙어서 명사로 된 것과 '-이'나 '-히'가 붙어서 부사로 된 것은 그 어간의 원형을 밝히어 적는다
>
> ㉠ '-이'가 붙어서 명사로 된 것
> 　길이　깊이　높이　다듬이　땀받이　달맞이　먹이　미닫이　벌이　벼훑이　살림살이　쇠붙이
> ㉡ '-음/-ㅁ'이 붙어서 명사로 된 것
> 　걸음　묶음　믿음　얼음　엮음　울음　웃음　졸음　죽음　앎　만듦
> ㉢ '-이'가 붙어서 부사로 된 것
> 　같이　굳이　길이　높이　많이　실없이　좋이　짓궂이
> ㉣ '-히'가 붙어서 부사로 된 것
> 　밝히　익히　작히
>
> 다만, 어간에 '-이'나 '-음'이 붙어서 명사로 바뀐 것이라도 그 어간의 뜻과 멀어진 것은 원형을 밝히어 적지 아니한다.
> 　굽도리　다리[髢]　목거리(목병)　무녀리　코끼리　거름(비료)　고름(膿)　노름(도박)
>
> [붙임] 다만, 어간에 '-이'나 '-음' 이외의 모음으로 시작된 접미사가 붙어서 다른 품사로 바뀐 것은 그 어간의 원형을 밝히어 적지 아니한다.
> ㉠ 명사로 바뀐 것
> 　귀머거리　까마귀　너머　뜨더귀　마감　마개　마중　무덤　비렁뱅이　쓰레기　올가미　주검
> ㉡ 부사로 바뀐 것
> 　거뭇거뭇　너무　도로　뜨덤뜨덤　바투　불긋불긋　비로소　오긋오긋　자주　차마
> ㉢ 조사로 바뀌어 뜻이 달라진 것
> 　나마　부터　조차

» ANSWER
1.③

2 다음에서 알 수 있는 '나'의 이름은?

> 안녕하세요? 제 소개를 하겠습니다. 먼저 제 이름은 혀의 뒷부분과 여린입천장 사이에서 나오는 소리가 한 개 들어 있습니다. 비음은 포함되어 있지 않고 파열음과 파찰음이 총 세 개나 들어가 있어 센 느낌을 줍니다. 제 이름을 발음할 때 혀의 위치는 가장 낮았다가 조금 올라가면서 입술이 둥글게 오므려집니다. 제 이름은 무엇일까요?

① 정미   ② 하립

③ 준휘   ④ 백조

📢 **Point** • 혀의 뒷부분과 여린입천장 사이에서 나오는 소리(연구개음) 한 개→ ㅇ, ㄱ/ㄲ/ㅋ 중 한 개
- 비음은 포함되어 있지 않음→ ㄴ, ㅁ, ㅇ 포함되어 있지 않음
- 파열음과 파찰음이 총 세 개→ ㅂ/ㅃ/ㅍ, ㄷ/ㄸ/ㅌ, ㄱ/ㄲ/ㅋ 또는 ㅈ/ㅉ/ㅊ 중 총 세 개
- 혀의 위치는 가장 낮았다가 조금 올라가면서 입술이 둥글게 오므려짐→ 저모음에서 중모음, 원순모음으로 변화

따라서 위의 조건에 모두 해당하는 이름은 '백조'이다.

3 소설 「동백꽃」를 읽고 한 활동 중, 밑줄 친 ㉠부분과 관계있는 것은?

> 보편적인 독서 방법은 글을 다음과 같이 다섯 단계로 나누어 읽는 것이다. 먼저 글의 제목, 소제목, 첫 부분, 마지막 부분 등 글의 주요 부분만을 보고 그 내용을 짐작하는 훑어보기 단계. 훑어본 내용을 근거로 하여 글의 중심 내용이 무엇인지를 마음속으로 묻는 질문하기 단계, 글을 차분히 읽으며 그 내용을 하나하나 확인하고 파악하는 자세히 읽기 단계, 읽은 글의 내용을 떠올리며 마음속으로 정리하는 ㉠되새기기 단계, 지금까지 읽은 모든 내용들을 살펴보고 전체 내용을 정리하는 다시 보기 단계가 그것이다.

① 동백꽃이란 제목을 보면서 글의 내용을 파악한다.

② 소설에서 동백꽃의 의미는 무엇인지 스스로 질문해 본다.

③ 이 소설이 전하고자 하는 주제가 무엇인지 곰곰이 생각해 본다.

④ 점순이와 나의 순박한 모습을 떠올리며 감상문을 썼다.

📢 **Point** ① 훑어보기 단계
② 질문하기 단계
④ 정리하기 단계

4 다음 밑줄 친 것 중 서술어 자릿수가 다른 것은?

① 우체통에 편지 좀 <u>넣어</u> 줄 수 있니?

② 너에게 고맙다는 말을 <u>전하고</u> 싶어.

③ 그 <u>두꺼운</u> 책을 다 읽었니?

④ 네가 <u>보낸</u> 선물은 잘 받았어.

 (Point) '두껍다'는 '무엇이 어찌하다'라는 한 자리 서술어이다.
① '누가 무엇을 어디에 넣다'라는 세 자리 서술어
② '누가 누구에게 무엇을 전하다'라는 세 자리 서술어
④ '누가 무엇을 누구에게 보내다'라는 세 자리 서술어

🌸 **Plus tip** 서술어의 자릿수

서술어의 자릿수란 서술어가 요구하는 필수성분의 수를 말하며, 필수성분이란 주어, 목적어, 보어, 부사어이다.

종류	뜻	형태와 예
한 자리 서술어	주어만 요구하는 서술어	주어 + 서술어 예 새가 운다.
두 자리 서술어	주어 이외에 또 하나의 필수적 문장 성분을 요구하는 서술어	• 주어 + 목적어 + 서술어 예 나는 물을 마셨다. • 주어 + 보어 + 서술어 예 물이 얼음이 된다. • 주어 + 부사어 + 서술어 예 그는 지리에 밝다.
세 자리 서술어	주어 이외에 두 개의 필수적 문장 성분을 요구하는 서술어	• 주어 + 부사어 + 목적어 + 서술어 예 진희가 나에게 선물을 주었다. • 주어 + 목적어 + 부사어 + 서술어 예 누나가 나를 시골에 보냈다.

≫ ANSWER

4.③

5 모음을 다음과 같이 ㉠, ㉡으로 분류하였다. 그 기준이 되는 것은?

㉠ ㅗ, ㅚ, ㅜ, ㅟ	㉡ ㅏ, ㅐ ㅓ, ㅔ, ㅡ, ㅣ

① 혀의 높이
② 입술 모양
③ 혀의 길이
④ 혀의 앞뒤 위치

🔊 (Point) 모음은 입술의 모양, 혀의 앞뒤 위치, 혀의 높낮이에 따라 분류할 수 있다. ㉠은 원순 모음이고 ㉡
은 평순 모음으로 입술 모양에 따라 모음을 분류한 것이다.

☆ Plus tip **모음 체계표**

혀의 앞뒤 〱 혀의 높이	전설 모음		후설 모음	
	평순 모음	원순 모음	평순 모음	원순 모음
고모음	ㅣ	ㅟ	ㅡ	ㅜ
중모음	ㅔ	ㅚ	ㅓ	ㅗ
저모음	ㅐ		ㅏ	

6 다음 글의 중심내용으로 적절한 것은?

> 행랑채가 퇴락하여 지탱할 수 없게끔 된 것이 세 칸이었다. 나는 마지못하여 이를 모두 수리하였다. 그런데 그중의 두 칸은 앞서 장마에 비가 샌 지가 오래되었으나, 나는 그것을 알면서도 이럴까 저럴까 망설이다가 손을 대지 못했던 것이고, 나머지 한 칸은 비를 한 번 맞고 샜던 것이라 서둘러 기와를 갈았던 것이다. 이번에 수리하려고 본즉 비가 샌 지 오래된 것은 그 서까래, 추녀, 기둥, 들보가 모두 썩어서 못 쓰게 되었던 까닭으로 수리비가 엄청나게 들었고, 한 번밖에 비를 맞지 않았던 한 칸의 재목들은 완전하여 다시 쓸 수 있었던 까닭으로 그 비용이 많이 들지 않았다.
>
> 나는 이에 느낀 것이 있었다. 사람의 몸에 있어서도 마찬가지라는 사실을. 잘못을 알고서도 바로 고치지 않으면 곧 그 자신이 나쁘게 되는 것이 마치 나무가 썩어서 못 쓰게 되는 것과 같으며, 잘못을 알고 고치기를 꺼리지 않으면 해(害)를 받지 않고 다시 착한 사람이 될 수 있으니, 저 집의 재목처럼 말끔하게 다시 쓸 수 있는 것이다. 뿐만 아니라 나라의 정치도 이와 같다. 백성을 좀먹는 무리들을 내버려두었다가는 백성들이 도탄에 빠지고 나라가 위태롭게 된다. 그런 연후에 급히 바로잡으려 하면 이미 썩어 버린 재목처럼 때는 늦은 것이다. 어찌 삼가지 않겠는가.

① 모든 일에 기초를 튼튼히 해야 한다.
② 청렴한 인재 선발을 통해 정치를 개혁해야 한다.
③ 잘못을 알게 되면 바로 고쳐 나가는 자세가 중요하다.
④ 훌륭한 위정자가 되기 위해서는 매사 삼가는 태도를 지녀야 한다.

Point 첫 번째 문단에서 문제를 알면서도 고치지 않았던 두 칸을 수리하는 데 수리비가 많이 들었고, 비가 새는 것을 알자마자 수리한 한 칸은 비용이 많이 들지 않았다고 하였다. 또한 두 번째 문단에서 잘못을 알면서도 바로 고치지 않으면 자신이 나쁘게 되며, 잘못을 알자마자 고치기를 꺼리지 않으면 다시 착한 사람이 될 수 있다하며 이를 정치에 비유해 백성을 좀먹는 무리들을 내버려 두어서는 안 된다고 서술하였다. 따라서 글의 중심내용으로는 잘못을 알게 되면 바로 고쳐 나가는 것이 중요하다가 적합하다.

7 다음 주어진 글의 밑줄 친 곳에 들어갈 내용으로 적절한 것은?

> 천재성에 대해서는 두 가지 서로 다른 직관이 존재한다. 개별 과학자의 능력에 입각한 천재성과 후대의 과학발전에 끼친 결과를 고려한 천재성이다. 개별 과학자의 천재성은 일반 과학자의 그것을 뛰어넘는 천재적인 지적 능력을 의미한다. 후자의 천재성은 과학적 업적을 수식한다. 이 경우 천재적인 과학적 업적이란 이전 세대 과학을 혁신적으로 바꾼 정도나 그 후대의 과학에 끼친 영향의 정도를 의미한다. 다음과 같은 두 주장을 생각해 보자. 첫째, 과학적으로 천재적인 업적을 낸 사람은 모두 천재적인 능력을 소유하고 있다. 둘째, 천재적인 능력을 소유한 과학자는 모두 반드시 천재적인 업적을 낸다. 역사적으로 볼 때 천재적인 능력을 갖추고도 천재적인 업적을 내지 못한 과학자는 많다. 이는 천재적인 능력을 갖고 태어난 사람들의 수에 비해서 천재적인 업적을 낸 과학자의 수가 상대적으로 적다는 사실만 보아도 쉽게 알 수 있다. 실제로 많은 나라에서 영재학교를 운영하고 있으며, 이들 학교에는 정도의 차이는 있지만 평균보다 탁월한 지적 능력을 보이는 학생들이 많이 있다. 그러나 이들 가운데 단순히 뛰어난 과학적 업적이 아니라 과학의 발전과정을 혁신적으로 바꿀 혁명적 업적을 내는 사람은 매우 드물다. 그러므로 _____

① 천재적인 업적을 남기는 것은 천재적인 과학자만이 할 수 있는 것은 아니다.
② 우리는 천재적인 업적을 남겼다고 평가 받는 과학자를 존경해야 한다.
③ 아이들을 영재로 키우는 것이 과학사 발전에 이바지하는 것이다.
④ 천재적인 과학자라고 해서 반드시 천재적인 업적을 남기는 것은 아니라고 할 수 있다.

🔊(Point) 주어진 글은 천재성에 대한 천재적인 능력과 천재적인 업적이라는 두 가지 직관에 대해 말한다. 빈칸은 앞서 말한 내용을 한 문장으로 정리한 것이고, 빈칸의 앞에서 천재적인 능력을 가진 이들이 많다고 해도 이들 중 천재적인 업적을 내는 사람은 매우 드물다고 했으므로 이를 한 문장으로 정리한 ④번이 빈칸에 들어가는 것이 적절하다.

8 다음 글의 논지 전개 과정으로 옳은 것은?

> 어떤 심리학자는 "언어가 없는 사고는 없다. 우리가 머릿속으로 생각하는 것은 소리 없는 언어일 뿐이다."라고 하여 언어가 없는 사고가 불가능하다는 이론을 폈으며, 많은 사람들이 이에 동조(同調)했다. 그러나 우리는 어떤 생각은 있으되 표현할 적당한 말이 없는 경우가 얼마든지 있으며, 생각만은 분명히 있지만 말을 잊어서 표현에 곤란을 느끼는 경우도 있는 것을 경험한다. 이런 사실로 미루어 볼 때 언어와 사고가 불가분의 관계에 있는 것은 아니다.

① 전제 – 주지 – 부연　　　　　　　　② 주장 – 상술 – 부연
③ 주장 – 반대논거 – 반론　　　　　　④ 문제제기 – 논거 – 주장

Point 제시된 글은 "언어가 없는 사고는 불가능하다."는 주장을 하다가 '표현할 적당한 말이 없는 경우와 표현이 곤란한 경우'의 논거를 제시하면서 "언어와 사고가 불가분의 관계에 있는 것이 아니다."라고 반론을 제기하고 있다.

9 다음 글의 목적으로 적절한 것은?

> 나는 왜놈이 지어준 몽우리돌대로 가리라 하고 굳게 결심하고 그 표로 내 이름 김구(金龜)를 고쳐 김구(金九)라 하고 당호 연하를 버리고 백범이라고 하여 옥중 동지들에게 알렸다. 이름자를 고친 것은 왜놈의 국적에서 이탈하는 뜻이요, '백범'이라 함은 우리나라에서 가장 천하다는 백정과 무식한 범부까지 전부가 적어도 나만한 애국심을 가진 사람이 되게 하자 하는 내 원을 표하는 것이니 우리 동포의 애국심과 지식의 정도를 그만큼이라도 높이지 아니하고는 완전한 독립국을 이룰 수 없다고 생각한 것이었다.

① 지식이나 정보의 전달　　　　　　　② 독자의 생각과 행동의 변화촉구
③ 문학적 감동과 쾌락 제공　　　　　　④ 독자에게 간접체험의 기회 제공

Point ② 김구의 「나의 소원」은 호소력 있는 글로 독자의 행동과 태도 변화를 촉구하고 있다.

» ANSWER

8.③　9.②

10 다음 밑줄 친 부분의 현대어 풀이로 잘못된 것은?

> ㉠ 이 몸 삼기실 제 님을 조차 삼기시니,
> 혼싱 緣연分분이며 하늘 모를 일이런가.
> ㉡ 나 ㅎ나 졈어 잇고 님 ㅎ나 날 괴시니,
> 이 ᄆ음 이 ᄉ랑 견졸 ᄃᆡ 노여 업다.
> ㉢ 平평生싱애 願원ᄒᆞ요ᄃᆡ ᄒᆞᆫᄃᆡ 녜쟈 ᄒᆞ얏더니,
> ㉣ 늙거야 므ᄉ 일로 외오 두고 글이ᄂᆞᆫ고.
> 엇그제 님을 뫼셔 廣광寒한殿뎐의 올낫더니,
> 그 더ᄃᆡ 엇디ᄒᆞ야 下하界계예 ᄂᆞ려오니,
> 올적의 비슨 머리 얼킈연디 三삼年년이라.

① ㉠ 이 몸이 태어날 때 임을 따라 태어나니
② ㉡ 나 혼자만 젊어있고 임은 홀로 나를 괴로이 여기시니
③ ㉢ 평생에 원하되 임과 함께 살아가려 했더니
④ ㉣ 늙어서야 무슨 일로 외따로 그리워하는고?

📢 **Point** ② '괴시니'의 기본형은 '괴다'로 사랑한다는 의미이다. 따라서 ㉡의 밑줄 친 부분은 '나는 오직 젊어 있고, 임은 오직 나를 사랑하시니'로 풀이해야 한다.

11 다음 국어사전의 정보를 참고할 때, 접두사 '군-'의 의미가 다른 것은?

> 군 - 접사 (일부 명사 앞에 붙어)
> ① '쓸데없는'의 뜻을 더하는 접두사
> ② '가외로 더한', '덧붙은'의 뜻을 더하는 접두사

① 그녀는 신혼살림에 군식구가 끼는 것을 원치 않았다.
② 이번에 지면 더 이상 군말하지 않기로 합시다.
③ 건강을 유지하려면 운동을 해서 군살을 빼야 한다.
④ 그는 꺼림칙한지 군기침을 두어 번 해 댔다.

📢 **Point** ① '가외로 더한', '덧붙은'의 의미를 가짐
②③④ '쓸데없는'의 의미를 가짐

» ANSWER
10.② 11.①

12 밑줄 친 부분의 표준 발음으로 옳지 않은 것은?

① 두 사람 사이에 정치적 <u>연계</u>가 있는 것이 분명했다.→[연계]

② 반복되는 벽지 <u>무늬</u>가 마치 나의 하루와 같아 보였다.→[무니]

③ 그는 하늘을 <u>뚫는</u> 거대한 창을 가지고 나타났다.→[뚤는]

④ 그는 모든 물건을 정해진 자리에 <u>놓는</u> 습관이 있었다.→[논는]

Point ③ 'ㄶ, ㅀ' 뒤에 'ㄴ'이 결합되는 경우에는, 'ㅎ'을 발음하지 않는다. 또한 'ㄴ'은 'ㄹ'의 앞이나 뒤에서 [ㄹ]로 발음한다. 따라서 '뚫는'은 [뚤른]으로 발음한다.

① '예, 례' 이외의 'ㅖ'는 [ㅔ]로도 발음한다. 따라서 연계[연계/연게]로 발음한다.

② 자음을 첫소리로 가지고 있는 음절의 'ㅢ'는 [ㅣ]로 발음한다.

④ 'ㅎ' 뒤에 'ㄴ'이 결합되는 경우에는, [ㄴ]으로 발음한다.

☆ **Plus tip 자음동화**

자음과 자음이 만나면 서로 영향을 주고받아 한쪽이나 양쪽 모두 비슷한 소리로 바뀌는 현상을 말한다.

예 밥물[밤물], 급류[금뉴], 몇 리[면니], 남루[남누], 난로[날로]

㉠ 비음화 … 비음의 영향을 받아 원래 비음이 아닌 자음이 비음(ㄴ, ㅁ, ㅇ)으로 바뀌는 현상을 말한다.

예 밥물→[밤물], 닫는→[단는], 국물→[궁물]

㉡ 유음화 … 유음이 아닌 자음이 유음으로 바뀌는 현상으로, 'ㄴ'과 'ㄹ'이 만났을 때 'ㄴ'이 'ㄹ'로 바뀌는 것을 말한다.

예 신라→[실라], 칼날→[칼랄], 잃는→[알는]→[알른]

>> ANSWER

12.③

13 다음 중 ㉠에 대한 설명으로 옳지 않은 것은?

나·랏:말쏘·미 中듕國·귁·에 달·아, 文문字·쫑·와·로 서르 스뭇·디 아·니홀·
씨·이런 젼·ᄎ·로 어·린 百·빅姓·셩·이 니르·고·져·홇·배 이·셔·도, ᄆ·ᄎᆞᆷ:
내 제·ᄠ·들 시·러펴·디:몯홇·노·미 하·니·라 ·내·이·롤 爲·윙·ᄒ·야:어
엿·비 너·겨·새·로㉠·스·믈여·듧字·쫑·롤 밍·ᄀ노·니, :사ᄅᆞᆷ:마·다:ᄒ·ᅇᅧ
:수·ᄫᅵ 니·겨·날·로·ᄡ·메 便뼌安한·킈ᄒ·고·져 홇ᄯᆞᄅᆞ·미니·라.

① 초성은 발음기관을 상형하여 'ㄱ, ㄴ, ㅁ, ㅅ, ㅇ'을 기본자로 했다.
② 초성은 'ㆁ, ㅿ, ㆆ, ㅸ'을 포함하여 모두 17자이다.
③ 중성은 '·, ㅡ, ㅣ, ㅗ, ㅏ, ㅜ, ㅓ, ㅛ, ㅑ, ㅠ, ㅕ'의 11자이다.
④ 현대 국어에서 쓰이지 않는 문자는 'ㆁ, ㅿ, ㆆ, ·'의 4가지이다.

📢(Point) ② 순경음 'ㅸ'은 초성에 포함되지 않는다.

☆ **Plus tip** 훈민정음의 제자 원리
㉠ 초성(자음, 17자)···발음 기관 상형 및 가획(加劃)

명칭	기본자	가획자	이체자
아음(牙音)	ㄱ	ㅋ	ㆁ
설음(舌音)	ㄴ	ㄷ, ㅌ	ㄹ(반설)
순음(脣音)	ㅁ	ㅂ, ㅍ	
치음(齒音)	ㅅ	ㅈ, ㅊ	ㅿ(반치)
후음(喉音)	ㅇ	ㆆ, ㅎ	

㉡ 중성(모음, 11자)···삼재(三才: 天, 地, 人)의 상형 및 기본자의 합성

구분	기본자	초출자	재출자
양성 모음	·	ㅗ, ㅏ	ㅛ, ㅑ
음성 모음	ㅡ	ㅜ, ㅓ	ㅠ, ㅕ
중성 모음	ㅣ		

③ 종성(자음)···따로 만들지 않고 초성을 다시 쓴다[종성부용초성(終聲復用初聲)].

14 다음 글의 특징으로 옳지 않은 것은?

> 낮때쯤 하여 밭에 나갔더니 가겟집 주인 강 군이 시내에 들어갔다 나오는 길이라면서, 오늘 아침 삼팔 전선(三八全線)에 걸쳐서 이북군이 침공해 와서 지금 격전 중이고, 그 때문에 시내엔 군인의 비상소집이 있고, 거리가 매우 긴장해 있다는 뉴스를 전하여 주었다.
> 마(魔)의 삼팔선에서 항상 되풀이하는 충돌의 한 토막인지, 또는 강 군이 전하는 바와 같이 대규모의 침공인지 알 수 없으나, 시내의 효상(爻象)을 보고 온 강 군의 허둥지둥하는 양으로 보아 사태는 비상한 것이 아닌가 싶다. 더욱이 이북이 조국 통일 민주주의 전선(祖國統一民主主義戰線)에서 이른바 호소문을 보내어 온 직후이고, 그 글월을 가져오던 세 사람이 삼팔선을 넘어서자 군 당국에 잡히어 문제를 일으킨 것을 상기(想起)하면 저쪽에서 계획적으로 꾸민 일련의 연극일는지도 모를 일이다. 평화적으로 조국을 통일하자고 호소하여도 듣지 않으니 부득이 무력(武力)을 행사할 수밖에 없다고.

① 대개 하루 동안 일어난 일을 적는다.
② 개인의 삶을 있는 그대로 기록한 글이다.
③ 글의 형식이 일정하게 정해져 있지 않다.
④ 대상 독자를 고려하면서 이해하기 쉽도록 쓴다.

📢(Point) 제시된 글은 하루의 생활에서 보고, 듣고, 느낀 것 중 인상 깊고 의의 있었던 일을 사실대로 기록한 일기문에 해당한다. 일기문은 독자적·고백적인 글, 사적(私的)인 글, 비공개적인 글, 자유로운 글, 자기 역사의 기록, 자기 응시의 글의 특징을 지니고 있다.
④ 일기문은 자기만의 비밀 세계를 자기만이 간직한다는 것을 전제로 하는 비공개적인 글이다.
※ 김성칠의 「역사 앞에서」
　㉠ 갈래 : 일기문
　㉡ 주제 : 한국 전쟁 속에서의 지식인의 고뇌
　㉢ 성격 : 사실적, 체험적
　㉣ 특징 : 역사의 격동기를 살다간 한 역사학자가 쓴 일기로, 급박한 상황 속에서 글쓴이가 가족의 안위에 대한 염려와 민족의 운명에 대한 고뇌를 담담히 술회한 내용을 담고 있다.

» ANSWER

14.④

15 다음 중 표준어가 아닌 것은?

① 수평아리　　　　　　　　② 숫염소

③ 수키와　　　　　　　　　④ 숫은행나무

🔊 Point ④ 숫은행나무 → 수은행나무

> ☆ **Plus tip** 표준어 규정 제7항
>
> 수컷을 이르는 접두사는 '수-'로 통일한다.(ㄱ을 취하고, ㄴ을 버림)
>
> | ㄱ | ㄴ |
> |---|---|
> | 수-꿩 | 수-퀑/숫-꿩 |
> | 수-나사 | 숫-나사 |
> | 수-놈 | 숫-놈 |
> | 수-사돈 | 숫-사돈 |
> | 수-소 | 숫-소 |
> | 수-은행나무 | 숫-은행나무 |
>
> 다만 1 : 다음 단어에서는 접두사는 다음에서 나는 거센소리를 인정한다. 접두사 '암-'이 결합되는 경우에도 이에 준한다(ㄱ을 취하고, ㄴ을 버림)
>
> | ㄱ | ㄴ |
> |---|---|
> | 수-캉아지 | 숫-강아지 |
> | 수-캐 | 숫-개 |
> | 수-컷 | 숫-것 |
> | 수-키와 | 숫-기와 |
> | 수-탉 | 숫-닭 |
> | 수-톨쩌귀 | 숫-돌쩌귀 |
> | 수-탕나귀 | 숫-당나귀 |
> | 수-퇘지 | 숫-돼지 |
> | 수-평아리 | 숫-병아리 |
>
> 다만2 : 다음 단어의 접두사는 '숫'으로 한다.
>
> 숫양　숫염소　숫쥐

16 다음 중 밑줄 친 단어의 맞춤법이 옳은 것은?

① 그의 무례한 행동은 저절로 <u>눈쌀</u>을 찌푸리게 했다.

② 손님은 종업원에게 당장 주인을 불러오라고 <u>닥달하였다</u>.

③ 멸치와 고추를 간장에 <u>졸였다</u>.

④ 걱정으로 밤새 마음을 <u>졸였다</u>.

📢(Point) ① 눈쌀 → 눈살

② 닥달하였다 → 닦달하였다

③ 졸였다 → 조렸다

> ☆ Plus tip '졸이다'와 '조리다'
>
> ㉠ 졸이다 : 찌개, 국, 한약 따위의 물이 증발하여 분량이 적어지다. 또는 속을 태우다시피 초조
> 해하다.
> ㉡ 조리다 : 양념을 한 고기나 생선, 채소 따위를 국물에 넣고 바짝 끓여서 양념이 배어들게 하다.

17 다음 중 제시된 문장의 밑줄 친 어휘와 같은 의미로 사용된 것을 고르면?

> 새로 지은 아파트는 뒷산의 경관을 <u>해치고</u> 있다.

① 모두들 미풍양속을 <u>해치지</u> 않도록 주의하시기 바랍니다.

② 담배는 모든 사람의 건강을 <u>해친다</u>.

③ 그는 잦은 술자리로 몸을 <u>해쳐</u> 병을 얻었다.

④ 안심해. 아무도 널 <u>해치지</u> 않을 거야.

📢(Point) ① 어떤 상태에 손상을 입혀 망가지게 하다.

②③ 사람의 마음이나 몸에 해를 입히다.

④ 다치게 하거나 죽이다.

ANSWER

16.④ 17.①

18 다음 중 밑줄 친 부분의 맞춤법 표기가 바른 것은?

① 벌레 한 마리 때문에 학생들이 <u>법썩</u>을 떨었다.

② <u>실낱같은</u> 희망을 버리지 않고 있다.

③ <u>오뚜기</u> 정신으로 위기를 헤쳐 나가야지.

④ <u>더우기</u> 몹시 무더운 초여름 날씨를 예상한다.

> (Point) ① 법썩 → 법석
> ③ 오뚜기 → 오뚝이
> ④ 더우기 → 더욱이

19 다음 중 관용 표현이 사용되지 않은 것은?

① 甲은 乙의 일이라면 가장 먼저 발 벗고 나섰다.

② 아이는 손을 크게 벌려 꽃 모양을 만들어 보였다.

③ 지후는 발이 길어 부르지 않아도 먹을 때가 되면 나타났다.

④ 두 사람은 매일같이 서로 바가지를 긁어대도 누가 봐도 사이좋은 부부였다.

> (Point) ②에서 나타난 손을 벌리다는 '무엇을 달라고 요구하거나 구걸하다'는 뜻의 관용표현이 아닌 손을 벌리는 모양을 표현한 것이다.
> ① 발 벗고 나서다 : 적극적으로 나서다.
> ③ 발(이) 길다 : 음식 먹는 자리에 우연히 가게 되어 먹을 복이 있다.
> ④ 바가지(를) 긁다 : 주로 아내가 남편에게 생활의 어려움에서 오는 불평과 잔소리를 심하게 하다.

20 다음 〈보기〉에 제시된 음운현상과 다른 음운현상을 보이는 것은?

〈보기〉

XABY → XCY

① 밥하다   ② 띄다

③ 맏형   ④ 따라

🔊(Point) 주어진 음운현상은 AB가 축약되어 C가 되는 음운 축약현상이다.

☆ **Plus tip 축약**

두 음운이 합쳐져서 하나의 음운으로 줄어 소리 나는 현상을 말한다.

㉠ 자음의 축약: ㅎ + ㄱ, ㄷ, ㅂ, ㅈ → ㅋ, ㅌ, ㅍ, ㅊ

     예 낳고[나코], 좋대[조타], 잡히다[자피다], 맞히다[마치다]

㉡ 모음의 축약: 두 모음이 만나 한 모음으로 줄어든다.

     예 보 + 아→봐, 가지어→가져, 사이→새, 되었다→됐다

≫ **ANSWER**

20.④

1 다음 문장을 형태소로 바르게 나눈 것은?

> 가을 하늘은 높고 푸르다.

① 가을 / 하늘은 / 높고 / 푸르다.
② 가을 / 하늘 / 은 / 높고 / 푸르다.
③ 가을 / 하늘 / 은 / 높 / 고 / 푸르다.
④ 가을 / 하늘 / 은 / 높 / 고 / 푸르 / 다.

📢(Point) 용언의 어간과 어미는 각각 하나의 형태소 자격을 가지므로, '높고'와 '푸르다'는 각각 '높-고', '푸르-
다'로 나누어야 한다.
② 단어(낱말)로 나눈 것이다.

2 다음을 고려할 때, 단어 형성 방식이 나머지 셋과 다른 것은?

> 단어는 하나 이상의 형태소가 결합한 단위인데, '산, 강'처럼 하나의 어근으로 이루어진
> 단어를 단일어라고 한다. 한편 '풋사과'처럼 파생 접사와 어근이 결합하여 이루어진 단어
> 를 파생어라고 하며, '밤낮'처럼 둘 이상의 어근이 결합하여 만들어진 단어를 합성어라고
> 한다.

① 군말   ② 돌다리
③ 덧가지   ④ 짓누르다

📢(Point) 돌(어근)＋다리(어근) → 합성어
① 군(접두사)＋말(어근) → 파생어
③ 덧(접두사)＋가지(어근) → 파생어
④ 짓(접두사)＋누르다(어근) → 파생어

>> ANSWER

1.④ 2.②

3 다음의 음운 규칙이 모두 나타나는 것은?

> • 음절의 끝소리 규칙 : 우리말의 음절의 끝에서는 7개의 자음만이 발음됨.
> • 비음화 : 끝소리가 파열음인 음절 뒤에 첫소리가 비음인 음절이 연결될 때, 앞 음절의 파열음이 비음으로 바뀌는 현상.

① 덮개[덥깨]
② 문고리[문꼬리]
③ 꽃망울[꼰망울]
④ 광한루[광할루]

(Point) ③ 꽃망울이 [꼰망울]로 발음되는 현상에서는 음절의 끝소리 규칙([꼰망울]의 '꼰'이 'ㄴ'받침으로 발음됨)과 비음화(원래 꽃망울은 [꼳망울]로 발음이 되나 첫음절 '꼳'의 예사소리 'ㄷ'과 둘째 음절 '망'의 비음인 'ㅁ'이 만나 예사소리 'ㄷ'이 비음인 'ㄴ'으로 바뀌게 됨)규칙이 모두 나타난다.

4 다음 중 밑줄 친 동사의 종류가 다른 것은?
① 금메달을 땄다는 낭보를 <u>알렸다.</u>
② 어머니가 아이에게 밥을 <u>먹인다.</u>
③ 그 사연이 사람들을 <u>울린다.</u>
④ 앞 차가 뒷 차에게 따라 <u>잡혔다.</u>

(Point) '잡히다'는 '잡다'의 피동사로 주어가 남의 행동을 입어서 행하게 되는 동작을 나타내는 피동 표현이다. ①②③ 주어가 남에게 어떤 동작을 하도록 시키는 사동 표현이다.

> ☆ **Plus tip**
> ※ 사동 표현의 방법
>   ㉠ 용언 어근 + 사동 접미사(-이-, -하-, -리-, -가-, -우-, -구-, -추-) → 사동사
>   **예** 죽다 → 죽이다, 익다 → 익히다, 날다 → 날리다
>   ㉡ 동사 어간 + '-게 하다'
>   **예** 선생님께서 영희를 가게 했다.
> ※ 피동 표현의 방법
>   ㉠ 동사 어간 + 피동 접미사(-이-, -하-, -리-, -가-) → 피동사
>   **예** 꺾다 → 꺾이다, 잡다 → 잡히다, 풀다 → 풀리다.
>   ㉡ 동사 어간 + '-어 지다'
>   **예** 그의 오해가 철수에 의해 풀어졌다.

≫ ANSWER
3.③ 4.④

5 다음 낱말을 국어사전의 올림말(표제어) 순서에 따라 차례대로 배열하면?

> ㉠ 웬일　　　　　　　　㉡ 왜곡
> ㉢ 와전　　　　　　　　㉣ 외가

① ㉢→㉠→㉡→㉣
② ㉢→㉡→㉠→㉣
③ ㉢→㉡→㉣→㉠
④ ㉢→㉣→㉡→㉠

🔊 **Point** 국어사전에서 낱말은 첫째 글자, 둘째 글자, 셋째 글자와 같이 글자의 순서대로 실린다. 또한 이렇게 나뉜 글자는 각각 첫소리, 가운뎃소리, 끝소리와 같이 글자의 짜임대로 실린다.
단어의 첫 자음이 모두 'ㅇ'이므로 모음의 순서(ㅏ, ㅐ, ㅑ, ㅒ, ㅓ, ㅔ, ㅕ, ㅖ, ㅗ, ㅘ, ㅙ, ㅚ, ㅛ, ㅜ, ㅝ, ㅞ, ㅟ, ㅠ, ㅡ, ㅢ, ㅣ)에 따라 ㉢→㉡→㉣→㉠이 된다.

6 다음 중 국어의 로마자 표기법에 따라 바르게 표기하지 않은 것은?

① 대관령 Daegwallyeong
② 세종로 Sejong-ro
③ 샛별 saetbyeol
④ 오죽헌 Ojukeon

🔊 **Point** ④ 오죽헌의 바른 표기는 Ojukheon이다.

7 다음 글의 제목으로 적절한 것은?

> 어느 대학의 심리학 교수가 그 학교에서 강의를 재미없게 하기로 정평이 나 있는, 한 인류학 교수의 수업을 대상으로 실험을 계획했다. 그 심리학 교수는 인류학 교수에게 이 사실을 철저히 비밀로 하고, 그 강의를 수강하는 학생들에게만 사전에 몇 가지 주의 사항을 전달했다. 첫째, 그 교수의 말 한 마디 한 마디에 주의를 집중하면서 열심히 들을 것. 둘째, 얼굴에는 약간 미소를 띠면서 눈을 반짝이며 고개를 끄덕이기도 하고 간혹 질문도 하면서 강의가 매우 재미있다는 반응을 겉으로 나타내며 들을 것.
>
> 한 학기 동안 계속된 이 실험의 결과는 흥미로웠다. 우선 재미없게 강의하던 그 인류학 교수는 줄줄 읽어 나가던 강의 노트에서 드디어 눈을 떼고 학생들과 시선을 마주치기 시작했고 가끔씩은 한두 마디 유머 섞인 농담을 던지기도 하더니, 그 학기가 끝날 즈음엔 가장 열의 있게 강의하는 교수로 면모를 일신하게 되었다. 더욱 더 놀라운 것은 학생들의 변화였다. 처음에는 실험 차원에서 열심히 듣는 척하던 학생들이 이 과정을 통해 정말로 강의에 흥미롭게 참여하게 되었고, 나중에는 소수이긴 하지만 아예 전공을 인류학으로 바꾸기로 결심한 학생들도 나오게 되었다.

① 학생 간 의사소통의 중요성
② 교수 간 의사소통의 중요성
③ 언어적 메시지의 중요성
④ 공감하는 듣기의 중요성

📢 (Point) 제시된 글은 실험을 통해 학생들의 열심히 듣기와 강의에 대한 반응이 교수의 말하기에 미친 영향을 보여 주고 있다. 즉, 경청, 공감하며 듣기의 중요성에 대해 보여 주는 것이다.

》 ANSWER

7.④

8 다음 밑줄 친 부분의 띄어쓰기가 바른 문장은?

① 마을 사람들은 어느 말을 정말로 믿어야 <u>옳은 지</u> 몰라서 멀거니 두 사람의 입을 쳐다보고 만 있었다.

② 강아지가 집을 나간 지 <u>사흘만에</u> 돌아왔다.

③ 그냥 모르는 척 <u>살만도 한데</u> 말이야.

④ 자네, 도대체 이게 <u>얼마 만인가</u>.

🔈 **Point** ① 옳은 지 → 옳은지, 막연한 추측이나 짐작을 나타내는 어미이므로 붙여서 쓴다.

② 사흘만에 → 사흘 만에, '시간의 경과'를 의미하는 의존명사이므로 띄어서 사용한다.

③ 살만도 → 살 만도, 붙여 쓰는 것을 허용하기도 하나(살 만하다) 중간에 조사가 사용된 경우 반드시 띄어 써야 한다(살 만도 하다).

9 외래어 표기가 모두 옳은 것은?

① 뷔페 – 초콜렛 – 컬러   ② 컨셉 – 서비스 – 윈도
③ 파이팅 – 악세사리 – 리더십   ④ 플래카드 – 로봇 – 캐럴

🔈 **Point** ① 초콜렛 → 초콜릿

② 컨셉 → 콘셉트

③ 악세사리 → 액세서리

10 어문 규정에 어긋난 것으로만 묶인 것은?

① 기여하고저, 뻐드렁니, 돌('첫 생일')

② 퍼붇다, 쳐부수다, 수퇘지

③ 안성마춤, 삵쾡이, 더우기

④ 고샅, 일찍이, 굶주리다

🔈 **Point** ① 기여하고저 → 기여하고자

② 퍼붇다 → 퍼붓다

③ 안성마춤 → 안성맞춤, 삵쾡이 → 살쾡이, 더우기 → 더욱이

④ 굶주리다 → 굶주리다

11 〈보기〉의 밑줄 친 ⊙에 해당하는 글자가 아닌 것은?

〈보기〉

한글 중 초성자는 기본자, 가획자, 이체자로 구분된다. 기본자는 조음 기관의 모양을 상형한 글자이다. ⊙가획자는 기본자에 획을 더한 것으로, 획을 더할 때마다 그 글자가 나타내는 소리의 세기는 세어진다는 특징이 있다. 이체자는 획을 더한 것은 가획자와 같지만 가획을 해도 소리의 세기가 세어지지 않는다는 차이가 있다.

① ㄹ   ② ㅋ
③ ㅍ   ④ ㅎ

📢(Point) 초성자는 자음을 가리킨다. 한글 창제 원리를 담고 있는 해례본을 보면 자음은 발음기관을 상형하여 기본자(ㄱ, ㄴ, ㅁ, ㅅ, ㅇ)를 만든 후 획을 더해 나머지를 글자를 만들었다. 그리고 이체자는 획을 더하는 것은 가획자와 같지만 가획을 해도 소리의 세기가 세어지지 않는다고 정리하고 있다. ㅋ은 ㄱ의 가획자, ㅍ은 ㅁ의 가획자, ㅎ은 ㅇ으로부터 가획된 글자이다.
① ㄹ은 이체자이다.

12 다음 시에 대한 설명으로 옳지 않은 것은?

우는 거시 벅구기가 프른 거시 버들숩가
이어라 이어라
어촌(漁村) 두어 집이 닛속의 나락들락
지국총(支局悤) 지국총(支局悤) 어사와(於思臥)
말가흔 기픈 소희 온갇 고기 뛰노ᄂᆞ다.

① 원작은 각 계절별로 10수씩 모두 40수로 되어 있다.
② 어촌의 경치와 어부의 생활을 형상화하고 있다.
③ 각 장 사이의 후렴구를 제외하면 시조의 형식이 된다.
④ 자연에 몰입하는 가운데에서도 유교적 이념을 구체화하고 있다.

📢(Point) ④ 자연에 묻혀 한가롭게 살아가는 여유와 흥을 노래하고 있다.

» ANSWER

11.① 12.④

13 밑줄 친 단어가 다의어 관계인 것은?

① 이 방은 볕이 잘 <u>들어</u> 늘 따뜻하다.

   형사는 목격자의 증언을 증거로 <u>들었다</u>.

② 난초의 향내가 거실에 가득 <u>차</u> 있었다.

   그는 손목에 <u>찬</u> 시계를 자꾸 들여다보았다.

③ 운동을 하지 못해서 군살이 <u>올랐다</u>.

   아이가 갑자기 열이 <u>올라</u> 해열제를 먹였다.

④ 그는 조그마한 수첩에 일기를 <u>써</u> 왔다.

   대부분의 사람이 문서 작성에 컴퓨터를 <u>쓴다</u>.

🔊 **Point** ①②④ 동음이의어(同音異議語)

14 ㉠~㉢의 밑줄 친 부분이 높이고 있는 인물은?

> ㉠ 할아버지께서는 아버지의 사업을 <u>도우신다</u>.
> ㉡ 형님이 선생님을 <u>모시고</u> 집으로 왔다.
> ㉢ 할머니, 아버지가 고모에게 전화하는 것을 <u>들었어요</u>.

	㉠	㉡	㉢
①	아버지	선생님	할머니
②	아버지	형님	아버지
③	할아버지	형님	아버지
④	할아버지	선생님	할머니

🔊 **Point** 높임표현

㉠ 주체높임선어말어미 '-시-'는 문장의 주체인 '할아버지'를 높이기 위한 것이다.

㉡ 문장의 객체높임 동사인 '모시다'는 객체인 '선생님'을 높이기 위해 쓰인 것이다.

㉢ 문장의 명사절 '아버지가 고모에게 전화하는 것'에 '-시-'가 없는 것으로 보아, 화자가 압존법을 쓰고 있다는 것을 알 수 있다. 즉 화자는 명사절의 주체인 '아버지'는 높이지 않고 있다. 또한 서술어 행위를 하는 주체와 화자가 동일하기 때문에 서술어 '듣다'에 '-시-'를 붙여 높이지 않았다. 끝으로 화자가 서술어에서 상대높임 보조사 '요'를 쓴 이유는 청자인 할머니를 높이기 위해서이다. 따라서 ㉢ 문장의 밑줄 친 부분이 높이고 있는 인물은 할머니가 된다.

15 다음은 하나의 문장을 구성하는 문장들을 순서 없이 나열한 것이다. ㉠~㉣ 중 주제문으로 가장 적당한 것은?

> ㉠ 범죄를 저지른 사람 중에는 나쁜 가정환경에서 자란 경우가 많다.
> ㉡ 인간됨이 이지러져 있을 때 가치 판단이 흐려지기 쉽다.
> ㉢ 범죄를 저지른 사람들은 대체로 자포자기의 상황에 처한 경우가 많다.
> ㉣ 인간의 범죄 행위의 원인은 개인의 인간성과 가정환경으로 설명될 수 있다.

① ㉠   ② ㉡

③ ㉢   ④ ㉣

📢 **Point** 주제문은 문단 전체의 내용을 포괄할 수 있는 내용이어야 한다.

16 다음 글의 내용 전개 방식으로 적절한 것은?

> 유네스코 유산은 세계유산, 무형문화유산, 세계기록유산으로 나눌 수 있다. 세계문화유산은 또한 문화유산, 자연유산, 복합유산으로 나눌 수 있는데 문화유산은 기념물, 건조물군, 유적지 등이 해당하며, 자연유산은 자연지역이나 자연유적지가 해당된다. 복합유산은 문화유산과 자연유산의 특징을 동시에 충족하는 유산이다. 무형문화유산은 공동체와 집단이 자신들의 환경, 자연, 역사의 상호작용에 따라 끊임없이 재창해온 각종 지식과 기술, 공연예술, 문화적 표현을 아우른다. 기록유산은 기록을 담고 있는 정보 또는 그 기록을 전하는 매개물이다. 단독 기록일수 있으며 기록의 모음일수도 있다.

① 서사   ② 과정

③ 인과   ④ 분류

📢 **Point** 유네스코 유산을 세계유산, 무형문화유산, 세계기록유산으로 분류하고, 다시 세계유산을 문화유산, 자연유산, 복합유산으로 분류하여 설명하고 있다.

» **ANSWER**
15.④ 16.④

17 다음 글에 나타난 북곽 선생의 행위를 표현한 말로 적절한 것은?

> 북곽 선생이 머리를 조아리고 엉금엉금 기어 나와서 세 번 절하고 꿇어앉아 우러러 말했다. "범님의 덕은 지극하시지요. 대인은 그 변화를 본받고 제왕은 그 걸음을 배우며, 자식 된 자는 그 효성을 본받고 장수는 그 위엄을 취합니다. 범님의 이름은 신룡(神龍)의 짝이 되는지라, 한 분은 바람을 일으키시고 한 분은 구름을 일으키시니, 저 같은 하토(下土)의 천한 신하는 감히 아랫자리에 서옵니다."

① 자화자찬(自畵自讚)
② 감언이설(甘言利說)
③ 대경실색(大驚失色)
④ 박장대소(拍掌大笑)

📢 (Point) '북곽 선생이 머리를 조아리고 엉금엉금 기어 나와서 세 번 절하고 꿇어앉아 우러러 말했다.'는 부분에서 북곽 선생이 범의 비위를 맞추기 위한 말을 늘어놓고 있음을 알 수 있다. '감언이설'은 '남의 비위에 맞도록 꾸민 달콤한 말과 이로운 조건을 내세워 꾀는 말'로 북곽 서선생의 태도와 어울리는 한자성어이다.

18 다음 중 피동 표현이 쓰이지 않은 것은?

① 창호지 문이 찢어졌다.
② 개그맨이 관객을 웃기고 있다.
③ 운동장의 잔디가 밟혀서 엉망이 되었다.
④ 많은 사람들에게 읽힌다고 좋은 소설은 아니다.

📢 (Point) 피동 표현이란 주어가 남의 행동의 영향을 받아서 행하게 되는 움직임을 나타내는 것이다.
　① 찢어졌다 : 동사 어간 + '-어 지다'
　② 웃기다 : '웃다'에 사동 접미사 '-기-'를 더해 이루어진 사동 표현이다.
　③ 밟힌다 : 동사 어간 + 피동 접미사 '-히-'
　④ 읽힌다 : 동사 어간 + 피동 접미사 '-히-'

19 다음 중 겹문장의 성격이 다른 하나는?

① 영미가 그림에 소질이 있음이 밝혀졌다.

② 그가 노벨 문학상을 받게 되었다는 소문이 있다.

③ 낮말은 새가 듣고 밤말은 쥐가 듣는다.

④ 산 그림자가 소리도 없이 다가온다.

Point ③은 이어진 문장이고 ①②④는 안은문장이다.
① 명사절로 안긴문장
② 관형절로 안긴문장
③ 대등하게 이어진문장
④ 부사절로 안긴문장

☆ **Plus tip 겹문장**

주어와 서술어의 관계가 두 번 이상 맺어지는 문장으로, 안은문장과 이어진문장이 있다.
㉠ 안은문장…독립된 문장이 다른 문장의 성분으로 안기어 이루어진 겹문장을 말한다.
• 명사절로 안김 : 한 문장이 다른 문장으로 들어가 명사 구실을 한다.
　예 영미가 그림에 소질이 있음이 밝혀졌다.
• 서술절로 안김 : 한 문장이 다른 문장으로 들어가 서술어 기능을 한다.
　예 곤충은 다리가 여섯 개다.
• 관형절로 안김 : 한 문장이 다른 문장으로 들어가 관형어 구실을 한다.
　예 그가 노벨 문학상을 받게 되었다는 소문이 있다.
• 부사절로 안김 : 파생 부사 '없이, 달리, 같이' 등이 서술어 기능을 하여 부사절을 이룬다.
　예 산 그림자가 소리도 없이 다가온다.
• 인용절로 안김 : 인용문이 다른 문장으로 들어가 안긴다.
　예 나폴레옹은 자기의 사전에 불가능은 없다고 말했다.
㉡ 이어진 문장…둘 이상의 독립된 문장이 연결 어미에 의해 이어져 이루어진 겹문장을 말한다.
• 대등하게 이어진 문장 : 대등적 연결 어미인 '-고, -(으)며, (으)나, -지만, -든지, -거나'
에 의해 이어진다.
　예 낮말은 새가 듣고 밤말은 쥐가 듣는다.
• 종속적으로 이어진 문장 : 종속적 연결 어미인 '-어(서), -(으)니까, -(으)면, -거든, (으)ㄹ
수록'에 의해 이어진다.
　예 너희는 무엇을 배우려고 학교에 다니니?

>> ANSWER

19.③

20 다음 중 높임 표현이 바르게 쓰인 것은?

① 할아버지, 아버지가 지금 막 집에 왔습니다.

② 그 분은 다섯 살 된 따님이 계시다.

③ 영수야, 선생님이 빨리 오시래.

④ 할머니께서는 이빨이 참 좋으십니다.

Point 청자인 할아버지가 아버지보다 높으므로 바른 표현이다.

② 계시다 → 있으시나.

③ 오시래 → 오라고 하셔.

④ 이빨 → 치아

☆ **Plus tip 높임 표현**

㉠ 주체 높임법 … 용언 어간 + 선어말 어미 '–시–'의 형태로 이루어져 서술어가 나타내는 행위의 주체를 높여 표현하는 문법 기능을 말한다.

  예 선생님께서 그 책을 읽으셨(시었)다.

㉡ 객체 높임법 … 말하는 이가 서술의 객체를 높여 표현하는 문법 기능을 말한다(드리다, 여쭙다, 뵙다, 모시다 등).

  예 나는 그 책을 선생님께 드렸다.

㉢ 상대 높임법 … 말하는 이가 말을 듣는 상대를 높여 표현하는 문법 기능을 말한다.

• 격식체

등급	높임 정도	종결 어미	예
하십시오체	아주 높임	–ㅂ시오	여기에 앉으십시오.
하오체	예사 높임	–시오	여기에 앉으시오.
하게체	예사 낮춤	–게	여기에 앉게.
해라체	아주 낮춤	–아라	여기에 앉아라.

• 비격식체

등급	높임 정도	종결 어미	예
해요체	두루 높임	–아요	여기에 앉아요.
해체	두루 낮춤	–아	여기에 앉아.

>> ANSWER

20.①

PART II
건축계획

1 건축계획에서 치수조정(Modular Coordination)의 장점으로 옳지 않은 것은?

① 설계 작업이 단순화되어 간편하다.

② 현장작업이 단순해지고 공기가 단축된다.

③ 대량생산이 용이하고 생산원가가 낮아진다.

④ 동일한 형태가 집단을 이루므로 건축배색이 용이해진다.

📢 (Point) ④ M.C는 동일한 형태가 집단을 이루어 단순화된 형태를 이루게 되므로 건축배색에 신중을 기해야
한다.

> ☆ Plus tip M.C(Modular Coordination)
> ㉠ 모듈을 사용하여 건축 전반에 사용되는 재료를 규격화시키는 것을 말한다.
> ㉡ 장점
> • 품질이 양호해진다.
> • 표준화, 건식화, 조립화로 공정이 짧아진다.
> • 대량화, 공장화로 원가가 낮아진다.
> ㉢ 단점
> • 디자인상의 제약을 받는다.
> • 인간성 및 창조성을 상실할 우려가 있다.
> • 단순화됨으로 인해서 배색에 신중을 기해야 한다.

>> ANSWER

1.④

2 다음 중 메조네트(Maisonnette)형 아파트의 특징과 거리가 먼 것은?

① 구조계획이나 배관계획에 유리하며 대규모 주택에 적당하다.

② 공용 통로면적을 절약할 수 있다.

③ 전망, 일조, 통풍이 좋다.

④ 엘리베이터의 정지층이 감소하게 되어 경제적이다.

 **Point** 복층형(Maisonnette)의 장 · 단점

ㄱ 장점

• 엘리베이터의 정지층수가 적으므로 경제적이다.

• 통로면적이 감소되므로 유효면적이 증대된다.

• 복도가 없는 층은 남북면의 외기가 원활하여 평면구성이 좋다.

• 독립성 및 프라이버시 확보가 좋다.

ㄴ 단점

• 주택의 전용면적이 작은 곳은 비경제적이다.

• 복도가 없는 층은 피난에 불리하며 구조나 배관상 불리하다.

3 다음 중 오피스 랜드스케이핑의 장점으로 옳지 않은 것은?

① 융통성이 있어 변경가능

② 최대 조경면적의 확보

③ 사무 능률의 향상

④ 시설비와 유지비의 절감

Point 오피스 랜드스케이핑의 장 · 단점

ㄱ 장점

• 공간의 절약

• 칸막이공사 절감

• 의사전달의 융통성

• 작업변화에 유리

• 업무활동의 쾌적

ㄴ 단점

• 프라이버시 결여

• 소음의 발생

• 대형가구, 사무기기의 소음으로 별도의 공간이 필요해짐

4 다음에서 설명하는 상점의 가구 진열방식은?

> 중앙에 케이스대 등을 설치하고 설치된 것에 의해 직선 또는 곡선의 환상부분을 형성하여 그 안에 포장대, 금전등록기 등을 놓는 형식으로 민예품점, 수예품점 등에 많이 사용된다.

① 굴절배열형   ② 직렬배열형
③ 환상배열형   ④ 복합형

(Point) ① 진열케이스의 배치와 고객의 동선이 곡선이나 굴절로 구성된 것으로 문방구점, 안경점, 양품점 등에 사용되는 형식이다.
② 가장 보편적으로 이용되며, 서점, 침구점, 식기점, 실용의복점, 가정 전기점 등에 쓰여지는 형식이다.
④ 각 방식을 적절히 조합하여 배치시킨 형식으로 서점, 부인점, 피혁제품점 등에 사용된다.

☆ **Plus tip** 가구의 배치형식

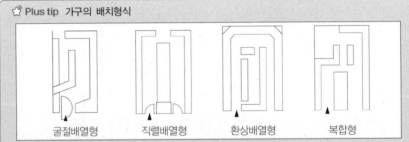

굴절배열형   직렬배열형   환상배열형   복합형

㉠ 굴절배열형
• 진열케이스의 배치와 고객의 동선이 곡선이나 굴절로 구성된 형식이다.
• 대면판매과 측면판매의 조합으로 구성된다.
• 종류 : 문방구점, 안경점, 양품점 등
㉡ 직렬배열형
• 가장 보편적으로 사용된다.
• 통로가 직선이어서 고객의 흐름이 가장 빠르다.
• 부분별로 상품진열이 용이하다.
• 대량판매의 형식이 가능하다.
• 종류 : 서점, 침구점, 식기점, 실용의복점, 가정 전기점 등
㉢ 환상배열형
• 중앙에 케이스대 등을 직선이나 곡선의 환상부분으로 설치하여, 그 안에 포장대, 금전등록기 등을 놓는 형식이다.
• 중앙환상의 판매부분에는 소형상품과 고액상품을 진열한다.
• 벽면부분에는 대형상품 등을 진열한다.
• 종류 : 민예품점, 수예품점 등
㉣ 복합형
• 각 방식을 적절히 조합하여 배치시킨 형식이다.
• 후반부는 대면판매나 카운터 접객부분이 된다.
• 종류 : 서점, 부인점, 피혁제품점 등

≫ ANSWER

4.③

5 호텔의 기준층 계획에 관한 설명으로 옳지 않은 것은?

① 기준층의 평면은 규격과 구조적인 해결을 통해 호텔 전체를 통일해야 한다.

② 객실의 크기와 종류는 건물의 단부와 층으로 달리 할 수 있고, 동일 기준층에 필요한 것으로 서비스실, 배선실, 엘리베이터, 계단실 등이 있다.

③ 기준층의 기둥 간격은 실의 크기에 따라 달라질 수 있으나, 최소의 욕실폭, 각 실 입구통로폭과 반침폭을 합한 치수의 1/2배로 산정된다.

④ H형 또는 ㅁ자형 평면은 호텔에서 자주 사용되었던 유형으로, 한정된 체적 속에 외기접면을 최대로 할 수 있다.

🔊(Point) ③ 기준층의 기둥 간격은 실의 크기에 따라 달라질 수 있으나, 최소의 욕실폭, 각 실 입구통로폭과 반침폭을 합한 치수의 2배로 산정된다.

> ☆ **Plus tip** 기준층 계획 시 고려사항
> ㉠ 기준평면의 규격과 구조적인 해결로서 호텔 전체의 통일을 고려한다.
> ㉡ 스팬을 정하는 방법으로는 2실을 연결한 것을 최소의 기둥간격으로 보면 구조나 시공상 어려움은 없다.
> ㉢ 기둥간격은 기준층의 기둥 간격은 실의 크기에 따라 달라질 수 있으나, 최소의 욕실폭, 각 실 입구통로폭과 반침폭을 합한 치수의 2배로 산정된다.
> ㉣ 객실의 크기와 종류는 건물의 단부와 층으로 달리 할 수 있고, 동일 기준층에 필요한 것으로 서비스실, 배선실, 엘리베이터, 계단실 등이 있다.
> ㉤ 기준층의 객실수는 기준층의 면적이나 기둥간격의 구조적인 문제에 영향을 받는다. (스팬 = (최소의 욕실폭 + 객실입구 통로폭 + 반침폭) × 2배)
> ㉥ 기준층의 평면형은 편복도와 중앙복도로 한쪽면 또는 양면으로 객실을 배치한다.

6 다음 중 도서관 건축계획에 관한 설명으로 옳지 않은 것은?

① 열람실 부분은 서고보다 층고를 높게 한다.

② 아동열람실은 개가식이 유리하다.

③ 서고부분은 장차 확장할 수 있도록 고려되어야 한다.

④ 서고는 책의 식별을 위하여 되도록 밝아야 한다.

🔊(Point) 자료 및 서적의 보존상 조건
　　　㉠ 온도 16℃, 습도 63% 이하로 유지한다.
　　　㉡ 자료 자체가 내구적이어야 한다.
　　　㉢ 내화·내진 등을 고려한 건물과 서가가 재해에 대해서 안전해야 한다.
　　　㉣ 철저한 관리와 점검이 이루어져야 한다.
　　　㉤ 도서의 보존을 위해서 어두운 편이 좋고 인공조명, 환기, 방습, 방온과 함께 세균의 침입을 막도록 해야 한다.

>> ANSWER

5.③ 6.④

7 유치원의 일반적인 평면형식에 대한 설명으로 가장 옳지 않은 것은?

① 일실형 – 관리실, 보육실, 유희실을 분산시키는 유형이다.

② 중정형 – 안뜰을 확보하여 주위에 관리실, 보육실, 유희실을 배치한다.

③ 십자형 – 유희실을 중앙에 두고 주위에 관리실과 보육실을 배치한다.

④ L형 – 관리실에서 보육실, 유희실을 바라볼 수 있는 장점이 있다.

Point ① 일실형은 보육실, 유희실을 통합시킨 형태이다.

🏠 **Plus tip 유치원교사 평면형**

㉠ 일실형: 보육실, 유희실 등을 통합시킨 형으로서 기능적으로는 우수하나 독립성이 결여된 형태이다.

㉡ 일자형: 각 교실의 채광조건이 좋으나 한 줄로 나열되어 단조로운 평면이 된다.

㉢ L자형: 관리실에서 교실, 유희실을 바라볼 수 있는 장점이 있다.

㉣ 중정형: 건물 자체에 변화를 주면 동시에 채광조건의 개선이 가능하다.

㉤ 독립형: 각 실의 독립으로 자유롭고 여유 있는 플랜이다.

㉥ 십자형: 불필요한 공간 없이 기능적이고 활동적이지만 정적인 분위기가 결여되어 있다.

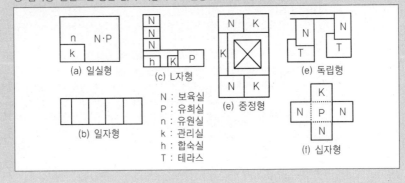

N : 보육실
P : 유희실
n : 유원실
k : 관리실
h : 합숙실
T : 테라스

(a) 일실형
(b) 일자형
(c) L자형
(e) 중정형
(e) 독립형
(f) 십자형

» ANSWER

7.①

8 극장객석의 음향계획에 있어서 소음을 방지하기 위한 방법으로 옳지 않은 것은?

① 객석 내의 소음은 30 ~ 35dB 이하로 한다.

② 출입구를 밀폐하고 도로면은 피하도록 해야 한다.

③ 영사실 천장에는 반드시 반사재를 설치한다.

④ 창과 문은 2중으로 설치하도록 한다.

> **(Point)** 객석의 소음방지법
> ㉠ 객석 내의 소음은 30 ~ 50dB 이하로 한다.
> ㉡ 창은 2중창, 문은 2중문을 설치한다.
> ㉢ 출입구는 밀폐하고 도로면은 피하도록 한다.
> ㉣ 영사실의 천장에는 반드시 흡음재를 설치한다.
> ㉤ 공기의 난류에 의한 소음방지를 위해서 덕트를 유선화하도록 한다.

9 서양건축의 시대별 순서로 옳은 것은?

① 로마네스크 – 고딕 – 르네상스 – 바로크

② 고딕 – 로마네스크 – 바로크 – 르네상스

③ 바로크 – 로마네스크 – 르네상스 – 고딕

④ 로마네스크 – 고딕 – 바로크 – 르네상스

> **(Point)** 시대별 순서…이집트 건축→그리스 건축→로마 건축→초기 기독교 건축→비잔틴 건축→로마네스크 건축→고딕 건축→르네상스 건축→바로크 건축→로코코 건축→근대 건축

10 다음 조선시대의 건축물 중 양식이 다른 건축물은?

① 서울 남대문
② 수원성 팔달문
③ 경복궁 궁정전
④ 강릉 오죽헌

📢 Point ①②③ 다포식 건축물이다.

> 💡 Plus tip
> ※ 익공식 건축물 … 강릉 오죽헌, 서울 종묘 본전, 서울 동묘 본전, 해인사 장경판고, 충무 세병
>   관, 남원 광한루, 경복궁 경희루, 청평사 회전문, 창덕궁 주합루
> ※ 목조건축 양식
>   ㉠ 다포양식
>   • 가장 널리 사용된 공포양식으로서 궁궐의 정전이나 사찰의 주불전 등의 주요건물에 주로
>   사용되었다.
>   • 조선시대 후기로 갈수록 공포양식의 장식적이고 화려해지는 경향을 보인다.
>   ㉡ 주심포양식
>   • 조선시대 초기에만 주로 사용되고 중기이후로는 널리 사용되지 못하였다.
>   • 고려시대 주심포양식과는 달리, 다포양식과 마찬가지로 주두와 소로의 굽면은 사면이며
>   굽받침이 없다.
>   ㉢ 익공식
>   • 조선 초기에 주심포양식을 간략화 한 우리나라에서 독자적으로 개발되어 사용된 공포양
>   식으로서 기둥위에 새 날개처럼 첨차식 장식을 장식효과와 주심도리를 높이는 양식이다.
>   • 장식 부재가 하나인 초익공 또는 익공과 부재를 두 개 장식한 이익공이 있어 관아, 향묘,
>   서원, 지방의 상류 주택에 많이 사용되었다.

11 먼지의 양이 몇 mg/m²일 때 사람이 위험한가?

① 5
② 10
③ 20
④ 30

📢 Point 먼지의 유해도

먼지량(mg/m²)	파장
5 이하	중등
10 이하	허용
20 이하	불쾌
30 이하	위험

>> ANSWER
10.④ 11.④

12 먼셀(Munsell)의 색채표기법에 대한 설명 중 옳지 않은 것은?

① 색상은 색상환에 의해 표기되며, 기준색인 적(R), 청(B), 황(Y), 녹(G), 자(P)색 등 5종의 주요색과 중간색으로 구성된다.

② 명도는 완전흑(0)에서 완전백(10)까지의 스케일에 따른 반사율 및 외관에 대한 명암의 주관적 척도이다.

③ 채도의 단계는 흑색과 가장 강한 색상 사이의 색상변화를 측정하는 단위이다.

④ 5R-4/10은 빨강의 색상5, 명도4, 채도10을 나타낸다.

📢 **Point** 흰색과 검은색은 채도가 없기 때문에 무채색이라 불린다.

13 상수도와 지하수 등을 이용하여 건물 내·외부에 급수하는 급수 방식에 대한 설명으로 옳은 것은?

① 부스터방식은 저수조에 있는 물을 급수펌프만으로 건물 내의 소요 개소에 급수하는 방식으로 급수 사용량에 따라 가동하는 펌프의 개수가 다르다.

② 옥상탱크방식은 탱크의 수위에 따라 급수 압력이 변한다.

③ 압력탱크방식은 급수펌프에 들어오고 나가는 물의 양을 일정하게 조절하므로 압력탱크의 압력은 거의 일정하게 유지된다.

④ 수도직결방식은 물을 끌어오기 위한 양수펌프가 필요하여 정전 시 단수될 수 있다.

📢 **Point** ① 부스터방식 : 급수펌프만으로 건물 내에 급수하는 방식이며 수질오염의 가능성이 적고 고가수조실이 불필요하며 정전 시 발전기로 급수가 가능하고 펌프용량이 압력제어에 의하므로 압력변동이 적다.

② 고가(옥상)탱크방식 : 상수를 일단 지하 물받이 탱크에 받아 이것을 양수펌프로 건물옥상 등에 가설한 탱크로 양수하여 각 가정의 집으로 하향 급수하는 방식이다. 아파트에서 많이 이용하는 방식이며 옥상에 급수탱크를 설치하여 공급하는 방식으로 대규모 급수방식으로 적당하다.

③ 압력탱크방식 : 압력탱크를 설치하고 에어컴프레서로 공기를 공급해 그 압력으로 급수하는 방식이다. 탱크는 어디든 설치할 수 있고, 고가시설이 불필요하므로 외관이 깨끗한 장점이 있다. 반면 압력차가 생기면 수압이 일정치 않고, 탱크 제작비가 많이 들며, 수시로 공기를 주입해야 하고, 취급이 어려운 단점이 있다.

④ 수도직결방식 : 수도 본관에서 수도 인입관에 의해 직접 접속 분기하여 건물내의 소요 장소에 급수하는 방식이다. 수도의 압력을 그대로 이용하므로 2층 건물 정도의 주택, 소규모 건물에 많이 이용되고 있다. 수도본관의 수압이 낮은 지역과 수돗물 사용의 변동이 심한 지역에는 부적당하다.

» ANSWER

12.③ 13.①

14 다음은 여러 종류의 보일러에 대한 설명이다. 이 중 바르지 않은 것은?

① 주철제 보일러는 파열 사고 시 다른 재질의 보일러보다 피해가 적다.

② 노통 연관보일러는 현장공사가 거의 필요하지 않으며 수처리가 비교적 간단하다.

③ 관류보일러는 보유수량이 적기 때문에 시동시간이 짧고 수처리가 간단하다.

④ 수관보일러는 기동시간이 짧고 효율이 좋으나 다량의 증기를 필요로 한다.

🔊 (Point) 관류보일러는 수처리가 복잡하며 소음이 문제가 된다.

🐷 **Plus tip 보일러의 종류**

㉠ 주철제 보일러
- 조립식이므로 용량을 쉽게 증가시킬 수 있다.
- 반입이 자유롭고 수명이 길다.
- 파열 사고 시 피해가 적다.
- 내식 – 내열성이 우수하다.
- 사용압력은 증가용은 0.1MPa이하로 제한된다.
- 사용압력은 온수용은 수두 50m이하로 제한된다.
- 인장과 충격에 약하고 균열이 쉽게 발생한다.
- 고압 – 대용량에 부적합하다.

㉡ 노통 연관 보일러
- 부하의 변동에 대해 안정성이 있다.
- 수면이 넓어 급수조절이 쉽다.
- 수처리가 비교적 간단하다.
- 현장공사가 거의 필요치 않다.
- 기동시간이 길다.
- 주철제에 비해 가격이 비싸다.
- 사용압력은 0.4 ~ 1MPa정도이다.

㉢ 수관 보일러
- 기동시간이 짧고 효율이 좋다.
- 고가이며 수처리가 복잡하다.
- 다량의 증기를 필요로 한다.
- 고압의 증기를 필요로 하는 병원, 호텔 등에 적합하다.
- 지역난방의 대형 원심냉동기의 구동을 위한 증기터빈용으로 사용된다.

㉣ 관류 보일러
- 증기 발생기라고 한다.
- 하나의 관내를 흐르는 동안에 예열, 가열, 증발, 과열이 행해진다.
- 보유수량이 적기 때문에 시동시간이 짧다.
- 부하변동에 대한 추종성이 좋다.
- 수처리가 복잡하고 소음이 높다.

㉤ 입형 보일러
- 설치면적이 작고 취급이 간단하다.
- 소용량의 사무소, 점포, 주택 등에 쓰인다.
- 효율은 다른 보일러에 비해 떨어진다.
- 구조가 간단하고 가격이 싸다.

㉥ 전기 보일러
- 심야전력을 이용하여 가정 급탕용에 사용한다.
- 태양열이용 난방시스템의 보조열원에 이용된다.

» ANSWER

14.③

15 「장애인·노인·임산부 등의 편의증진 보장에 관한 법률」의 내용에 관한 다음 설명 중 옳은 것은?

① 법률상 장애인 등은 일상생활을 영위할 때 이동 및 정보에의 접근 등에 불편을 느끼는 자를 말한다.

② 장애인 시설은 전용시설로 자유로이 접근할 수 있도록 계획되어야 한다.

③ 사유건물에는 장애인전용주차구역을 별도로 설치할 필요가 없다.

④ 장애인 편의시설의 설치기준은 지방자치단체 조례로 정한다.

> **(Point)** ② 장애인 전용주차장을 제외하고 장애인 시설은 일반인들도 자유로이 접근할 수 있도록 계획되어야 한다.
> ③ 사유건물의 시설주는 장애인전용주차구역을 설치해야 한다.
> ④ 장애인 편의시설의 설치기준은 법률이 정하는 바에 의한다.
> ※ 시설주는 장애인 등이 공공건물 및 공중이용시설을 이용함에 있어 가능한 최단거리로 이동할 수 있도록 편의시설을 설치해야 한다.

16 다음 중 공장건축의 지붕형식에 관한 설명으로 옳지 않은 것은?

① 솟을지붕은 채광, 환기에 적합한 방법이다.

② 샤렌지붕은 기둥이 많이 소요되는 단점이 있다.

③ 뾰족지붕은 직사광선을 어느 정도 허용하는 결점이 있다.

④ 톱날지붕은 북향의 채광창으로 하루 종일 변함없는 조도를 유지할 수 있다.

> **(Point)** 샤렌지붕은 다른 지붕형식에 비해 기둥이 적게 소요되는 방식이다.

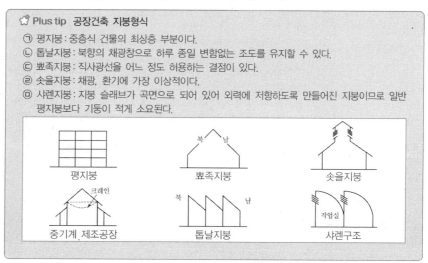

> ☆ **Plus tip 공장건축 지붕형식**
> ㉠ 평지붕 : 중층식 건물의 최상층 부분이다.
> ㉡ 톱날지붕 : 북향의 채광창으로 하루 종일 변함없는 조도를 유지할 수 있다.
> ㉢ 뾰족지붕 : 직사광선을 어느 정도 허용하는 결점이 있다.
> ㉣ 솟을지붕 : 채광, 환기에 가장 이상적이다.
> ㉤ 샤렌지붕 : 지붕 슬래브가 곡면으로 되어 있어 외력에 저항하도록 만들어진 지붕이므로 일반 평지붕보다 기둥이 적게 소요된다.

평지붕 / 뾰족지붕 / 솟을지붕 / 중기계 제조공장 / 톱날지붕 / 샤렌구조

>> ANSWER
15.① 16.②

17 태양열 시스템에 대한 설명으로 옳은 것은?

① 설비형 태양열 시스템의 중심이 되는 것은 집열장치이다.

② 설비형 태양열 시스템의 효율에 가장 큰 영향을 미치는 것은 축열기이다.

③ 자연형 태양열 시스템의 하나인 축열벽형(또는 트롬월형 : trombe wall system)은 직접획 득형(direct gain system)의 하나이다.

④ 자연형 태양열 시스템의 필수적인 요소인 축열체의 주성분으로 가장 흔히 쓰이는 물질은 콘크리트나 벽돌 등의 조적조와 물이다.

📣(Point) ① 설비형 태양열 시스템의 중심이 되는 것은 순환펌프이다.
② 설비형 시스템의 효율에 가장 큰 영향을 미치는 것은 집열기이다.
③ 자연형 태양열 시스템의 하나인 축열벽형은 간접획득형의 하나이다.

🏠**Plus tip 태양열시스템의 종류**

㉠ 설비형(액티브형) : 설비중심이므로 집열판, 순환펌프, 축열조, 보조보일러가 필요하며 시스템의 중심은 설비시스템이다. (시스템의 중심은 집열장치가 아님에 유의해야 한다.)

㉡ 자연형(패시브형) : 환경계획적 측면이 큰 것이며 직접획득형과 간접획득형(축열벽형, 분리획 득형, 부착온실형, 자연대류형, 이중외피구조형)으로 나뉜다.

• 직접획득형 : 집열창을 통하여 겨울철에 많은 양의 햇빛이 실내로 유입되도록 하여 얻어진 태양에너지를 바닥이나 실내 벽에 열에너지로서 저장하여 야간이나 흐린 날 난방에 이용할 수 있도록 한다. 일반건물에서 쉽게 적용되고 투과체가 다양한 기능을 갖지만 과열현상을 초래할 수 있다.

• 간접획득형 : 태양에너지를 석벽, 벽돌벽 또는 물벽 등에 집열하여 열전도, 복사 및 대류와 같은 자연현상에 의하여 실내 난방효과를 얻을 수 있도록 한 것이다. 태양과 실내난방공간 사이에 집열창과 축열벽을 두어 주간에 집열된 태양열이 야간이나 흐린 날 서서히 방출되도록 하는 것이다.

– 축열벽방식 : 추운지방에서 유리하고 거주공간 내 온도변화가 적으나 조망이 결핍되기 쉽다.

– 부착온실방식 : 기존 재래식 건물에 적용하기 쉽고, 여유공간을 확보할 수 있으나 시공비가 높게 된다.

– 축열지붕방식 : 냉난방에 모두 효과적이고, 성능이 우수하나 지붕 위에 수조 등을 설치하므로 구조적 처리가 어렵고 다층건물에서는 활용이 제한된다.

– 자연대류방식 : 열손실이 가장 적으며 설치비용이 저렴하지만 설치위치가 제한되고 축열조가 필요하다.

㉢ 분리획득형 : 집열 및 축열부와 이음부를 격리시킨 형태이다. 이 방식은 실내와 단열되거나 떨어져 있는 부분에 태양에너지를 저장할 수 있는 집열부를 두어 실내 난방 필요시 독립된 대류작용에 의하여 그 효과를 얻을 수 있다. 즉, 태양열의 집열과 축열이 실내 난방공간과 분리되어 있어 난방효과가 독립적으로 나타날 수 있다는 점이 특징이다.

>> ANSWER
17.④

18 다음 중 능률적인 작업용량으로서 10만 권을 수장할 도서관 서고의 면적으로 가장 알맞은 것은?

① 350m^2

② 500m^2

③ 800m^2

④ 950m^2

Point 바닥면적 m^{2}당 150～250권을 수용하므로 10만 권의 경우 400m^2～650m^{2}의 면적이 요구된다.

19 노상주차장의 설치기준에 대한 설명으로 옳지 않은 것은?

① 주간선도로에는 설치가 불가하나, 분리대나 그 밖에 도로의 부분으로서 도로교통에 크게 지장을 주지 않는 부분은 예외로 한다.

② 주차대수 규모가 20대 이상인 경우에는 장애인 전용 주차 구획을 1면 이상 설치해야 한다.

③ 너비 8m 미만의 도로에 설치해서는 안 된다.

④ 종단경사도가 6% 이하의 도로로서 보도와 차도의 구별이 되어있고 그 차도의 너비가 13m 이상인 도로에는 설치가능하다.

Point 너비는 8m가 아니라 6m가 돼야 한다.

20 다음 중 피뢰시스템에 관한 설명으로 옳지 않은 것은?

① 피뢰시스템은 보호성능 정도에 따라 등급을 구분한다.

② 피뢰시스템의 등급은 Ⅰ, Ⅱ, Ⅲ의 3등급으로 구분된다.

③ 수뢰부시스템은 보호범위 산정방식(보호각, 회전구체법, 메시법)에 따라 설치한다.

④ 피보호건축물에 적용하는 피뢰시스템의 등급 및 보호에 관한 사항은 한국 산업표준의 낙뢰 리스트 평가에 의한다.

Point 피뢰시스템의 등급은 Ⅰ, Ⅱ, Ⅲ, Ⅳ의 4등급으로 구분된다.

1 다음 중 동선계획을 함에 있어서 주체자가 될 수 없는 것은?

① 물체   ② 정보

③ 사용자   ④ 하중

> (Point) 동선의 주체자는 사용자, 물체(물질), 정보이다.
>
> ④ 하중은 동선의 3요소(속도, 빈도, 하중) 중 하나이다.

> ☆ Plus tip   동선의 3요소
>
> ㉠ 하중(Load) : 구조물에 작용하는 외력
> ㉡ 빈도(Frequncy) : 다시 일어날 수 있는 횟수
> ㉢ 속도(Velocity) : 움직이는 속도

2 황금비례의 수치로 옳은 것은?

① 1 : 1.618

② 1 : 0.618

③ 0.618 : 1.618

④ 0.618 : 1

> (Point) 황금비례(1 : 1.618) … 어떤 양을 두 부분으로 나누었을 때 각 부분의 비가 가장 균형 있고 아름답게 느껴지는 비를 뜻한다.

≫ ANSWER

1.④ 2.①

3 다음 중 페리(C. A. Perry)의 근린주구(Neighborhood unit) 이론과 거리가 먼 것은?

① 주구 내에는 통과교통을 두지 않는다.

② 초등학교의 학구를 기본단위로 본다.

③ 중학교와 의료시설은 반드시 갖추어야 한다.

④ 커뮤니티 생활시설을 안전하게 배치한다.

> **Point** 페리(C. A. Perry)의 근린주구(Neighborhood unit) 이론
> ㉠ 1929년 페리에 의해 제시되었다.
> ㉡ 초등학교를 중심으로 하여 초등학교를 1개 수용할 수 있는 인구규모가 적당하다.
> ㉢ 초등학교에서 400m의 보행거리를 갖는다.
> ㉣ 주구 내의 교통량에 비례해서 주구 내를 통과하는 도로를 두어서는 안 된다.
> ㉤ 주구 내의 경계는 간선도로로 한다.
> ㉥ 주구 간 간선도로 교차부에 상점, 여가시설 등이 필요하다.

4 다음 중 아파트의 블록플랜을 설명한 것으로 옳지 않은 것은?

① 현관은 계단에서 6m 이내로 한다.

② 각 단위평면이 외기에 3면 이상 접해야 한다.

③ 거실이 모퉁이에 배치되지 않도록 한다.

④ 모든 실이 균등하게 배치되어야 한다.

> **Point** 블록플랜(Block plan)
> ㉠ 각 단위플랜이 2면 이상 외기에 접해야 한다.
> ㉡ 현관은 계단에서 6m 이내로 멀지 않게 한다.
> ㉢ 모든 실들이 환경에 균등하게 배치되어야 한다.
> ㉣ 거실이 모퉁이에 배치되지 않도록 한다.
> ㉤ 모퉁이에서 다른 가구가 들여다보지 않도록 주의한다.

» ANSWER

3.③ 4.②

5 다음 그림은 은행의 기본평면 종류이다. (A), (B)에 알맞은 것은?

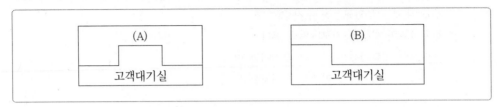

(A)	(B)
① 규모가 큰 본점	약간 큰 길모퉁이
② 규모가 큰 본점	규모가 크나 정면이 좁을 때
③ 큐모가 크나 정면이 좁을 때	규모가 큰 본점
④ 약간 큰 길모퉁이	규모가 큰 본점

📢 Point (A)는 규모가 큰 본점의 경우이고, (B)는 약간 큰 길모퉁이가 적당하다.

> ☆ **Plus tip** 은행의 기본평면계획
> ㉠ 고객대기실, 영업실의 중심 동선을 고려한다.
> ㉡ 고객동선과 은행원의 동선은 교차하지 않도록 한다.
> ㉢ 전면도로에 통행하는 사람의 동선을 고려해서 주현관의 위치를 결정하도록 한다.
> ㉣ 기본평면의 종류
>
>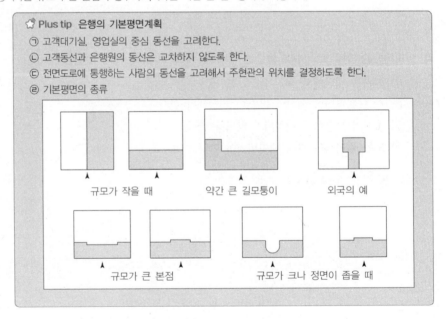

>> ANSWER
5.①

90 PART 02. 건축계획

6 다음 중 상점의 진열장을 계획하는 데 있어서 다음 조건들을 만족시키는 형태는?

> ㉠ 사람 통행량이 많다.
> ㉡ 가게 외면에 출입구를 낼 것이다.
> ㉢ 가구점을 개업할 것이다.

① 평형
② 돌출형
③ 만입형
④ 홀형

🔈 **Point** 진열장의 형태
㉠ 평형: 가장 일반적인 형식으로써 꽃집, 가구점, 자동차 진열장 등에 사용되며 점두 외면에 출입구를 내는 형식이고 통행인이 많을 경우 전면에 경사를 주어서 처리하기도 한다.
㉡ 돌출형: 특수소매상에 적용되는 것으로 요즘은 잘 사용하지 않는다. 점 내의 일부를 돌출시키는 형식이다.
㉢ 만입형: 혼잡한 도로에서 마음놓고 진열상품을 볼 수 있게 한 형식으로 점두의 일부를 만입시켜서 진열면적을 증대시킨다. 점 내에 들어가지 않아도 품목을 알 수 있다.
㉣ 홀형: 만입부를 더욱 크게 하여 전면을 홀로 만든 형식으로 만입부와 비슷한 특징을 가진다.
㉤ 다층형: 2층 이상의 층을 연속하여 취급한 형식으로 가구점, 양복점 등에 사용되며 큰 도로나 광장에 접할 때 유리하다.

7 다음은 도서관의 서고에 대한 설명이다. 옳지 않은 것은?

① 서고의 면적은 $1m^2$당 150 ~ 250권 정도로 보며, 평균 200권으로 산정한다.
② 인공조명을 생각하고 직사광선을 방지해야 한다.
③ 출납의 관리가 편리하도록 하며 반드시 도서 및 자료증가에 의한 증축이 용이하도록 한다.
④ 책선반 1단에는 길이 2m당 20 ~ 30권 정도이며 평균 25권으로 산정한다.

🔈 **Point** ④ 책선반 1단에는 길이 1m당 20 ~ 30권 정도이며 평균 25권으로 산정한다.

8 다음 중 시티 호텔(City Hotel)에 속하지 않는 것은?

① 클럽 하우스   ② 터미널 호텔

③ 커머셜 호텔   ④ 아파트먼트 호텔

⑤ 레지던스 호텔

Point 클럽 하우스는 리조트호텔이다.

> ☆ **Plus tip**
>
> ※ 시티 호텔(City Hotel)
> 도시의 시가지에 위치하여 여행객의 단기체류나 각종 연회 등의 장소로 이용되는 호텔이다.
> ㉠ 시티 호텔의 대지선정 조건
> • 교통이 편리해야 하며 자동차의 접근이 용이하고 주차설비를 설치하는데 무리가 없을 것
> • 인근 호텔과의 경쟁과 제휴 등에 있어서 유리한 곳일 것
> ㉡ 시티 호텔의 종류
> • 커머셜 호텔 : 주로 비즈니스를 주체로 하는 여행자용 단기체류 호텔이며, 객실이 침실위
> 주로 되어 있어 숙박면적비가 가장 크다. 외래 방문객에게 개방(집회, 연회 등)되어 이들
> 을 유인하기 위해서 교통이 편리한 도시중심지에 위치하며, 각종 편의시설이 갖추어져 있
> 다. 도심지에 위치하므로 부지가 제한되어 있어 건축계획 시 복도의 면적을 되도록 작게
> 하고 고층화한다.
> • 레지던스 호텔 : 여행자나 관광객 등이 단기 체류하는 여행자용 호텔이다. 커머셜 호텔보
> 다 규모가 작고 설비는 고급이며 도심을 피하여 안정된 곳에 위치한다.
> • 아파트먼트 호텔 : 장기간 체재하는 데 적합한 호텔로서 각 객실에는 주방설비를 갖추고 있다.
> • 터미널 호텔 : 터미널 인근에 위치한 호텔로서 주요 교통요지에 위치한다.
> ※ 리조트 호텔(Resort hotel)
> 피서, 피한을 위주로 관광객과 휴양객이 많이 이용하는 숙박시설을 말한다.
> ㉠ 리조트 호텔의 대지선정 조건
> • 관광지를 충분히 이용할 수 있는 곳
> • 조망이 좋은 곳
> • 수량이 풍부하고 수질이 좋은 곳
> • 식료품이나 린넨(Linen)류의 구입이 수월한 곳
> • 자연재해의 위험이 없는 곳
> • 계절풍에 대한 대비가 있는 곳
> ㉡ 리조트 호텔의 종류
> • 산장 호텔(Mountain hotel), 해변 호텔(Beach hotel), 스카이 호텔(Sky hotel), 온천 호텔(Hot
> spring hotel), 스키 호텔(Ski hotel), 스포츠 호텔(Sport hotel) 등이 있다.
> • 클럽하우스(Club house) : 레저시설 및 스포츠를 위주로 이용되는 시설을 말한다.

» ANSWER

8.①

9 문화시설의 특징에 대한 설명으로 옳지 않은 것은?

① 공연장 무대는 어디에서도 보이도록 객석의 안길이를 가시거리 내로 계획해야 하며, 연극 등과 같이 연기자의 표정을 읽을 수 있는 가시한계는 15m 정도이다.

② 오페라하우스는 음원이 무대와 오케스트라피트 2개소에서 나오기 때문에 음향설계에 주의 해야 하며, 천장계획은 천장에서 반사된 음을 객석으로 집중시키기 위해 돔형으로 하는 것 이 바람직하다.

③ 영화관은 영사설비와 스크린을 구비하고, 객석의 가시선과 시각을 주의해서 계획해야 하 며, 영사각은 평면적으로 객석 중심선에서 2° 이내로 하는 것이 바람직하다.

④ 지역의 시민회관이나 군민회관을 포함하는 다목적 홀은 지역 사회 커뮤니케이션의 핵이 되 며, 복합적인 기능을 한 건축물에서 수행하기 때문에 발생하는 상호기능 간의 모순을 해결 하는 것이 중요하다.

🔊**(Point)** 천장계획상 돔형은 음원의 위치 여하를 막론하고 천장에서 반사된 음이 한 곳에 집중하게 되므로 돔형의 천장은 피한다.

10 서양건축사에 대한 특징 중 옳지 않은 것은?

① 고딕 건축의 주요 특성은 장미창, 플라잉 버트레스, 첨두아치로 집약된다.

② 초기 기독교 건축형식은 기독교 공인 이후 바실리카를 교회건축으로 이용하면서 시작되었다.

③ 로코코 건축은 공공적인 건축물이 성행하여 바로크에 비해 웅장하고 기념비적인 광장으로 표현된다.

④ 로마네스크 건축은 유럽 전역에 지역적으로 퍼져 있었던 건축형식으로 스테인드 글라스, 버트레스 등이 특징이다.

🔊**(Point)** ③ 로코코 건축은 개인 위주의 프라이버시를 중시하여 아담한 실내장식이 특징이다. 구조적 특징 없이 장식적 측면이 발달했으며, 기능적 공간구성과 개인적인 쾌락주의 공간구성으로 주거 건축에 큰 발전을 이루었다.

11 포스트 모던(Post-Modern) 건축의 특성으로 옳지 않은 것은?

① 과거양식과 현대와의 결합 　　　② 대중성 강조

③ 지역적 · 전통적 　　　④ 기하학적 공간개념 탈피

 Point Post-Modern의 특징
ⓐ 의미전달체계로서 건축
ⓑ 대중성 강조
ⓒ 지역적, 전통적, 문화적
ⓓ 현대건축의 합리적인 유클리드 기하학적 공간개념 탈피

12 목조 건축물로서 우리나라에서 가장 오래된 것은 어느 것인가?

① 부석사 조사당 　　　② 부석사 무량수전

③ 수덕사 대웅전 　　　④ 봉정사 극락전

Point 한국의 최초 목조 건축물로 추정되는 것은 안동의 봉정사 극락전으로 고려시대 주심포 1형식 건축물이다.

13 실용적이 2,000m²이고 정원이 400명인 대강당의 1시간당 필요한 환기횟수는 얼마인가?
(단, 1인당 필요한 공기량은 25m²/h)

① 2회 　　　② 3회

③ 4회 　　　④ 5회

Point
$$환기횟수 = \frac{소요공기량(m^3)}{실용적(m^3)} = \frac{25 \times 400}{2,000} = 5회$$

14 주택의 에너지 절약을 위한 방안으로 적절하지 않은 것은?

① 실내온도는 겨울에는 약간 저온으로, 여름에는 약간 고온으로 설정한다.

② 내부 공간의 배치에 있어 상주하는 거실, 방 등을 남향으로 위치할수록 효율적이다.

③ 대지 면적이 충분하지 못한 경우도 가능한 한 남쪽을 비워두어 일사를 확보한다.

④ 평면형은 정방형보다 요철이 많은 평면이 열손실이 적다.

> **Point** 평면에 요철이 많아질 경우 벽체 단면적이 증가하므로 열손실이 커지므로 정방형에 가까운 평면 형태로 구성하는 것이 좋다.

15 사무소 건축에 대한 설명으로 옳은 것만을 모두 고르면?

> ㉠ 소시오페탈(sociopetal) 개념을 적용한 공간은 상호작용에 도움이 되지 못하는 공간으로 개인을 격리하는 경향이 있다.
>
> ㉡ 코어는 복도, 계단, 엘리베이터 홀 등의 동선부분과 기계실, 샤프트 등의 설비관련부분, 화장실, 탕비실, 창고 등의 공용서비스 부분 등으로 구분된다.
>
> ㉢ 엘리베이터 대수 산정은 아침 출근 피크시간대의 5분 동안에 이용하는 인원수를 고려하여 계획한다.
>
> ㉣ 비상용 엘리베이터는 평상시에는 일반용으로 사용할 수 있으나 화재 시에는 재실자의 피난을 주요 목적으로 계획한다.

① ㉡㉢

② ㉠㉡㉢

③ ㉠㉢㉣

④ ㉡㉢㉣

> **Point** ㉠ 소시오페탈 공간(sociopetal space)은 사회구심적 역할을 하는 공간으로서 상호작용이 활발하게 이루어질 수 있는 공간이다.
>
> ㉣ 비상용 엘리베이터는 평상시는 승객이나 승객 화물용으로 사용되고 화재 발생 시에는 소방대의 소화·구출 작업을 위해 운전하는 엘리베이터로서 높이 31m를 넘는 건축물에는 비상용 엘리베이터를 설치하도록 의무화되어 있다. (재실자의 피난은 계단이나 피난용승강기를 이용해야 하며 비상용승강기는 비상시 소방관 등의 소방활동 등을 위한 것이다.)

16 다음 중 음환경에 대한 설명 중 가장 부적합한 것은?

① 간벽의 차음성능은 투과율과 투과손실 등에 의해 표시된다.

② 흡음률 값은 0~1.0 사이에서 변화하는데, 흡음률이 0이 되는 것은 모든 개구부를 완전히 열어 놓았을 때의 경우로서, 이를 오픈 윈도(open window) 단위라고 한다.

③ 측벽은 객석 후면의 음을 보강하는 역할을 하며, 특히 확성 장치를 하지 않은 오디토리엄에 있어서는 유용하게 이용된다.

④ 다목적용 오디토리엄에서는 강연용일 경우와 음악용일 경우에 적정한 잔향시간이 서로 다른데 강연을 위해서는 짧은 잔향 시간이 필요하다.

(Point) 흡음률 … 음파가 물체에 의하여 반사될 때 입사에너지에서 반사에너지를 뺀 것과 입사에너지와의 비(0은 모두 반사한 것이고 1은 모두 흡수한 것이다.) 그러므로 개구부를 완전히 열어놓은 경우 음의 벽면 등으로의 흡수정도와는 관련성이 적다.

17 다음 중 간선의 배선방식 중 분전반에서 사고가 발생했을 때 그 파급범위가 가장 적은 것은?

① 루프식
② 평행식
③ 나뭇가지식
④ 나뭇가지 평행식

(Point) 주어진 간선배선방식들 중 분전반에서 사고가 발생했을 때 그 파급범위가 가장 적은 것은 평행식이다.

> ☆ Plus tip 간선의 배선방식
> ㉠ 나뭇가지식 : 배전반에 나온 1개의 간선이 각 층의 분전반을 거치며 부하가 감소됨에 따라 점차로 간선 도체 굵기도 감소되므로 소규모 건물에 적당한 방식
> ㉡ 평행식 : 용량이 큰 부하, 또는 분산되어 있는 부하에 대하여 단독의 간선으로 배선되는 방식으로 배전반으로부터 각 층의 분전반까지 단독으로 배선되므로 전압 강하가 평균화되고 사고 발생 시 파급되는 범위가 좁지만 배선의 혼잡과 동시에 설비비가 많이 든다. 대규모 건물에 적합하다.
> ㉢ 나뭇가지 평행식 : 나뭇가지식과 평행식을 혼합한 배선방식
> ㉣ 루프식 : 루프처럼 전원을 만들고 분기선을 내어 배전하는 방식으로 정전 발생 시 다른 회선으로 전원 공급이 가능하다. 나뭇가지식에 비해 전압 강하, 전력 손실이 작고, 신뢰도가 높다. 하지만 나뭇가지식에 비해 선로 보호 방식이 복잡하고 설비비가 비싸다.

》 ANSWER

16.② 17.②

18 발전기실의 위치 및 구조에 관한 설명으로 옳지 않은 것은?

① 기기의 반출입이나 운전, 보수가 용이한 곳이 좋다.

② 발전기실은 진동 시 문제가 발생하므로 기초와 연결하는 것이 바람직하다.

③ 배기 배출기에 가깝고 연료보급이 용이한 곳이 좋다.

④ 부하 중심 가까운 곳에 둔다.

🔊 **(Point)** 발전기실의 위치 … 변전실과 가까운 곳, 부하중심에 가까운 곳, 기초와 이격시킬 것

19 건물 종류별 공조설비의 적용이 적절하지 않은 것은?

① 임대사무실 건물 − 이중덕트방식(double duct system)

② 백화점 매장 − 유인유닛방식(induction unit system)

③ 호텔의 객실 − 팬코일유닛방식(fan coil unit system)

④ 극장 − 단일덕트방식(single duct system)

🔊 **(Point)** ② 백화점 매장은 규모가 크므로 단일덕트방식이 적합하다. 유인유닛방식은 유닛의 실내설치로 인하여 건축계획상 지장이 있으며 소음이 발생하기 쉬우므로 방이 많은 건물의 외부존, 사무실, 호텔, 병원 등에 적합한 방식이다.

> ☆ **Plus tip** 공조방식의 종류
> ㉠ 이중덕트방식(double duct system) : 냉풍과 온풍을 각각의 덕트로 보낸 후 말단의 혼합상자에서 냉·온풍을 열부하에 알맞은 비율로 혼합해 각 실에 송풍하는 방식이다.
> ㉡ 유인유닛방식(induction unit system) : 중앙공조실에서 외기의 1차 공기를 실내에 설치된 유닛에 공급하여 실내의 2차 공기를 유인하여 혼합하는 방식으로 중간 규모 이상의 사무실, 호텔, 아파트, 병원 등에 적합하다.
> ㉢ 팬코일유닛방식(fan coil unit system) : 냉각과 가열코일, 그리고 송풍용 팬이 내장된 유닛에 중앙기계실에서 보낸 냉·온수를 이용하여 실내의 공기를 조화하는 방식이다.
> ㉣ 단일덕트방식(single duct system) : 공조기에서 조화한 공기를 하나의 주 덕트로부터 분기하여 각 방(존)에 보내고 환기하는 방식으로 공기 조화의 기본방식이다. 보통은 공기 조화기 단위의 온습도 제어가 되어 개별제어는 불가능하다.

>> ANSWER

18.② 19.②

20 다음은 여러 가지 소화설비에 요구되는 최소 성능을 나타낸 표이다. 빈 칸에 들어갈 말로 알맞은 것을 순서대로 바르게 나열한 것은?

소화설비	방수압력(kg/cm^2)	표준방수량(ℓ/min)	수평거리(m)
연결송수관	(가)	450	50
옥외소화전	2.5	350	(나)
옥내소화전	1.7	(다)	25
스프링쿨러	1.0	80	1.7~3.2

	(가)	(나)	(다)
①	5.0	45	110
②	3.5	40	130
③	3.2	35	180
④	4.0	20	150

Point

소화설비	방수압력(kg/cm^2)	표준방수량(ℓ/min)	수평거리(m)
연결송수관	3.5	450	50
옥외소화전	2.5	350	40
옥내소화전	1.7	130	25
스프링쿨러	1.0	80	1.7~3.2

» ANSWER

20.②

건축계획　Day 8

1 다음은 게슈탈트 심리학의 개념에 관한 사항들이다. 이 중 바르지 않은 것은?

① 형태의 지각심리에 관한 것으로서, 인간은 자신이 본 것을 조직화하려는 기본 성향을 가지고 있으며, 전체는 부분의 합 이상이라는 점을 강조하는 심리학이다.

② 서로 근접한 것끼리는 그룹을 지어 묶여있는 것처럼 통일성 있게 보이고 서로 멀리 떨어져 있는 사물은 묶여있지 않는 것으로 보인다.

③ 유사한 배열이 하나의 묶음으로 시각적 이미지의 연속장면처럼 보인다.

④ 접근성은 유사성보다 지각의 그루핑(Grouping)이 강하게 나타난다.

📢 (Point) 유사성은 접근성보다 지각의 그루핑(Grouping)이 강하게 나타난다.

> ☆ Plus tip 게슈탈트 심리학의 지각원리
> ㉠ 접근성 : 서로 근접한 것끼리는 그룹을 지어 묶여있는 것처럼 통일성 있게 보이고 서로 멀리 떨어져 있는 사물은 묶여있지 않는 것으로 보이는 착시현상이다. (근접의 원리)
> ㉡ 유사성 : 유사한 배열이나 연속적인 것은 하나의 그룹으로 인식된다. 영화의 필름을 연속적으로 인식하는 것이 그 예이다. 형태, 규모, 색, 질감 등에 있어서 유사한 시각적 요소들이 서로 연관되어 보이는 착시현상으로서 접근성보다 지각의 그루핑(grouping)이 강하게 나타난다. (유동/유사의 원리)
> ㉢ 폐쇄성 : 시각적 요소들이 무언가를 형성하는 것을 허용하는 성질로서 폐쇄된 원형이 묶이는 것을 의미한다. (폐쇄의 원리)
> ㉣ 연속성 : 유사한 배열이 하나의 묶음으로 시각적 이미지의 연속장면처럼 보이는 착시현상이다. (공동운명의 원리)
> ㉤ 공통성 : 서로 비슷한 움직임과 방향을 갖는 것은 하나의 그룹으로 지각되는 현상이다. (연속 방향의 원리)
> ㉥ 착시 : 도형이나 색채를 본래의 것과 달리 잘못 지각하는 현상이다. '루빈의 술잔'은 술잔으로 인식되기도 하지만 두 사람이 마주보는 장면으로 인식되기도 한다.
> ㉦ 지각의 항상성 : 사람은 지각에 대한 고정관념이나 편견을 가지고 있는데 본인이 알고 있는 형태에 대해서는 망막에서 일어나게 되는 물리적 변화와는 상관없이 고정된 생각이 지각에 영향을 미치는 것이다. (거리의 멀고 가까움, 보이는 각도, 주위의 밝고 어두움 등에 관계없이 본래 알고 있는 크기로 물체가 느껴지는 현상이다.)

>> ANSWER

1.④

2 건축설계의 수법은 Expansibility 수법과 Flexibility 수법이 있다. 이 중 Flexibility 수법이 아닌 것은?

① 그리드플랜(Grid plan)　　　　　② 모듈러플랜(Modular plan)

③ 내부변경　　　　　　　　　　　④ 프리엔드형(Free end)

📢 Point ④ Expansibility 수법

①②③ Flexibility 수법

☆ Plus tip **건축설계의 수법**

㉠ Expansibility(확장성) 수법

ⓐ 분할형
- 전체 계획을 분할하여서 1차, 2차 공사로 나누어 공사하는 것으로 증축에 의해서 발생되는 모순을 최대한 축소시킨다.
- Master plan에 의한 계획이 반드시 요구된다.
- 설비 공동시설을 집중화해야 하므로 선투자가 필요하다.

ⓑ 연결형
- 필요에 의해서 새로운 독립시설을 연결해 나가는 방식이다.
- 구조적인 문제는 적으나 관리운영상 기능분산 문제가 야기될 수 있으므로 복잡한 기능의 건축물에는 부적당하다.

ⓒ Free end형
- 증축을 예상하여 고려한 방식이다.
- 증축의 슬래브, 이음새의 보의 형태에 적합하게 계획한다.
- 증축 후에도 평면의 동선 등 시스템에 지장이 없어야 한다.

ⓓ 증축형
- 일종의 코어 시스템이다.
- 중심적인 면을 우선적으로 두고 필요 시설을 첨가 또는 제거하는 방식이다.

㉡ Flexibility(융통성) 수법

ⓐ 내부변경
- 사전에 예측된 변경은 내부의 변경을 전제로 하는 방식이다.
- 당초부터 넓은 면적을 고려하도록 한다.

ⓑ Universal space
- One room system으로써 자유로운 공간분할이 가능한 방식이다.
- 가족간의 프라이버시 유지는 어려우나 다목적 이용을 가능하게 하는 무한적인 공간이 될 수 있다.

ⓒ Grid plan : Grid pattern으로 인해서 공간이 균질화 될 수 있다.

ⓓ Modular plan : Grid plan을 철저하게 계획하여 조명, 스프링클러, 전화 등의 설비를 균등하게 배치하는 방법이다.

ⓔ Core system : 사무소 건물을 코어부분과 사무실 부분으로 나누어 사용하는 것처럼 변화하지 않는 부분과 변화하는 부분을 나누어 변화성질에 대응하여 System화하는 방법이다.

ⓕ Interstitial space
- 설비에 Flexibility를 부여하기 위한 방법이다.
- 평면적으로 자유도가 높은 장 Span구조의 이점을 이용한다.

≫ ANSWER

2.④

3 다음 그림은 에스컬레이터의 배치방식 중 어느 것인가?

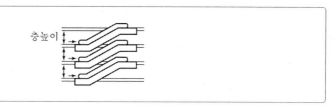

① 직렬식 배치

② 병렬 단속식 배치

③ 병렬 연속식 배치

④ 교차식 배치

Point 그림은 병렬 단속식 배치의 에스컬레이터로 점유면적이 큰 편이며 승객의 시야도 양호한 구조이다.

> ☆ **Plus tip** 에스컬레이터 배치형식
>
> ㉠ 직렬형
> • 승객의 시야가 가장 넓다.
> • 점유면적이 넓다.
>
> ㉡ 단열 중복형(병렬 단속형)
> • 에스컬레이터의 존재를 잘 알 수 있다.
> • 시야를 막지 않는다.
> • 교통이 불연속으로 되고, 서비스가 나쁘다.
> • 승객이 한 방향으로만 바라본다.
> • 승강객이 혼잡하다.
>
> ㉢ 병렬 연속형(복렬 병렬형)
> • 교통이 연속되고 있다.
> • 타고 내리는 교통이 명백히 분할될 수 있다.
> • 승객의 시야가 넓어진다.
> • 에스컬레이터의 존재를 잘 알 수 있다.
> • 점유면적이 넓다.
> • 시선이 마주친다.
>
> ㉣ 교차형(복렬형)
> • 교통이 연속하고 있다.
> • 승강객의 구분이 명확하므로 혼잡이 적다.
> • 점유면적이 좁다.
> • 승객의 시야가 좁다.
> • 에스컬레이터의 위치를 표시하기 힘들다.

4 다음 중 주거단지의 각 도로에 관한 설명으로 옳지 않은 것은?

① 격자형 도로는 교통을 균등분산시키고 넓은 지역을 서비스할 수 있다.

② 선형도로는 폭이 넓은 단지에 유리하고 한쪽 측면의 단지만을 서비스할 수 있다.

③ 단지 순환로가 단지 주변에 분포하는 경우 최소한 4~5m 정도 완충지를 두고 식재하는 것이 좋다.

④ 쿨데삭(Cul-de-Sac)은 차량의 흐름을 주변으로 한정하여 서로 연결하며 차량과 보행자를 분리할 수 있다.

🔊 (Point) 선형도로는 폭이 좁은 단지에 유리하다.

> ☆ **Plus tip 도로의 형식**
>
> ⊙ 격자형 도로(grid pattern)
> - 그리드상 패턴으로 민간분양지 등에서 가장 많이 사용하며, 통과교통의 침입이 쉽고(통과교통 유발) 도로의 우선순위가 불명확할 경우 교통사고 발생이 쉽다.
> - 가로망의 형태가 단순·명료하고, 가구 및 획지 구성상 택지의 이용효율이 높다.
> - 교통을 균등 분산시키고 넓은 지역을 서비스할 수 있다.
> - 격자형 도로의 교차점은 40m 이상 떨어져야 하며, 업무 또는 주거지역으로 직접 연결되어서는 안 된다.
> ⓒ 선형도로(linear road pattern)
> - 폭이 좁은 단지에 유리하고, 양 측면 또는 한 측면의 단지를 서비스 할 수 있다.
> - 도로가 특색이 있는 지형과 바로 인접할 경우, 비교적 가까이에서 보행자를 위한 공간의 확보가 가능하다.
> ⓒ 단지 순환로(루프형, loop형, ring road)
> - 단지 순환로가 단지주변에 분포하는 경우 최소한 4~5m 정도 완충지를 두고 식재하는 것이 좋다.
> - 단지가 공원 또는 다른 오픈스페이스와 인접할 경우 7~8m 정도의 여유를 두고 후퇴시켜 보행자의 이동 및 이들 공간과 인접한 세대들을 위한 신중한 계획이 수반되어야 한다.
> - 우회도로가 없는 쿨데삭형의 결점을 개량하여 만든 패턴이다.
> - 빠른 우회도로를 두어 단지 내로 통과차량의 진입을 방지한다.
> - 장점 : 통과교통감소로 안전한 도로 공간 및 생활공간형성과 안정된 도로 공간이 조성되므로 가구의 규모에 따라 정돈된 경관연출이 가능하다.
> - 단점 : 루프형으로 도로의 길이가 길어져 불필요한 차량의 진입이 감소하여 통과교통량이 감소하지만 도로율이 높아진다.
> ⓔ T자형 : 구획도로와 국지도로의 빈번한 교차 발생, 방향성이 불분명하다.
> ⓜ 쿨데삭(Cul-de-sac)
> - 단지 내 도로를 막다른 길로 조성하고, 끝부분에 차량이 회전하여 나갈 수 있도록 회차 공간을 만들어 주는 기법의 도로로, 통상 종단부에는 순환광장을 설치한다.
> - 주거단지에 조성되는 도로의 유형 중 부정형지형이나 경사지들에 주로 이용되며, 통과교통이 차단되어 조용한 주거환경을 보호하는데 가장 유효하고, 보행자들이 안전하게 보행할 수 있으나, 개별획지로의 접근성은 다소 불리하고, 우회도로가 없어 방재상·방범상의 단점이 있다.
> - 종단부에는 피난통로를 고려할 필요가 있다.
> - 도로의 형태는 단지의 가장자리를 따라 한쪽방향으로만 진입하는 도로와 단지와 중앙 부분으로 진입해서 양측으로 분리되는 도로의 형태로 구분할 수 있다.

» ANSWER

4.②

- 모든 쿨데삭은 2차선이어야 한다.
- 차량의 흐름을 주변으로 한정하여 서로 연결하며 차량과 보행자를 분리할 수 있다. 그러나 출구가 하나이므로 교통이 혼잡해질 것에 유의해야 한다.
- 쿨데삭의 적정길이는 120m에서 300m까지를 최대로 제안하고 있다. 300m일 경우 혼잡을 방지하고 안정성 및 편의를 위하여 중간지점에 회전구간을 두어 전구간이동의 불편함을 해소시킬 수 있다.

5 공동주택의 상가설계 시의 고려사항으로 옳지 않은 것은?

① 시설의 이용거리를 짧게 배치한다.

② 이용자가 편리하게 이용하고 접근하기 쉽게 한다

③ 주거단지의 중심을 형성할 수 있는 곳에 설치한다.

④ 내부를 화려하게 꾸민다.

 공동주택의 상가의 내부는 단조롭고 이용자의 편리를 도모할 수 있도록 해야 한다.

6 공장평면의 레이아웃을 계획함에 있어서 생산에 필요한 기계기구의 공정을 제품의 흐름에 따라 배치하는 방식은?

① 제품중심의 레이아웃   ② 공정중심의 레이아웃

③ 고정식 레이아웃   ④ 혼성식 레이아웃

 제품중심의 레이아웃

     ㉠ 연속 작업식이라고 한다.

     ㉡ 생산하는 데 있어서 모든 공정의 기계기구를 제품의 흐름에 따라 배치하는 방식이다.

     ㉢ 석유, 시멘트 등 장치공업, 가전제품의 조립공장 등에 쓰이는 형식이다.

     ㉣ 공정간의 시간적, 수량적 균형을 이룰 수 있다.

     ㉤ 상품의 연속성을 유지한다.

     ㉥ 대량생산에 유리하고 생산성이 높다.

>> ANSWER

5.④ 6.①

7 다음 중 수술실의 위치로 적당하지 않은 것은?

① 건물의 익단부로 격리된 곳

② 타부분의 통과교통으로 사용되는 곳

③ 응급부나 병동부에서 환자의 수송이 용이한 곳

④ 중앙소독공급부와 접근이 되는 곳

🔊 **Point** 수술실은 익단부로 격리되고 타부분의 통과교통으로 이용되지 않는 곳이어야 한다.

8 다음 중 영화관 계획에 있어서 옳지 않은 것은?

① 객석의 바닥면적은 종·횡을 포함하여 1인당 $0.5m^2$ 정도로 한다.

② 스크린은 무대바닥면에서 50~100cm의 높이에 설치하도록 한다.

③ 영사실에는 따로 환기창을 설치할 필요가 없다.

④ 스크린과 뒷벽과의 간격은 1.5m 이상으로 한다.

🔊 **Point** 영사실의 계획

ⓐ 영사기기의 열을 방출하기 위해서 반드시 환기창이 필요하다.

ⓑ 출입구의 폭은 70cm 이상, 높이는 175cm 이상으로 한다.

ⓒ 개폐방법은 외여닫이로 하며 자폐방화문을 달도록 한다.

ⓓ 영사실과 스크린과의 관계는 영사각이 0°가 되는 것이 최적이나 최소 15° 이내로 한다.

ⓔ 영사실의 최대거리는 40m이다.

≫ ANSWER

7.② 8.③

9 다음 중 도서관 출납시스템에 대한 설명으로 옳지 않은 것은?

① 자유개가식은 책의 선택 및 파악이 자유롭고 편리하다.

② 폐가식은 도서의 유지관리가 양호하다.

③ 반개가식은 신간서적의 안내에서 사용되며 다량의 도서를 구비하는 곳에서 적합하다.

④ 안전개가식은 도서열람의 체크시설이 따로 필요하다.

(Point) ③ 반개가식은 신간 서적 안내에 사용되며 다량의 도서에는 부적당하다.

🔖 **Plus tip 출납 시스템의 분류**

㉠ 자유개가식(free open access) : 열람자 자신이 서가에서 책을 꺼내어 책을 고르고 그대로 검열을 받지 않고 열람하는 형식으로 보통 1실형이고 10,000권 이하의 서적 보관과 열람에 적당하다.
- 책 내용 파악 및 선택이 자유롭고 용이하다.
- 책의 목록이 없어 간편하다.
- 책 선택 시 대출, 기록의 제출이 없어 분위기가 좋다.
- 서가의 정리가 잘 안 되면 혼란스럽게 된다.
- 책의 마모, 망실이 된다.

㉡ 안전개가식(safe-guarded open access) : 자유개가식과 반개가식의 장점을 취한 형식으로서, 열람자가 책을 직접 서가에서 뽑지만 관원의 검열을 받고 대출의 기록을 남긴 후 열람하는 형식이다. 보통 15,000권 이하의 서적을 보관함과 열람에 적당하다.
- 출납 시스템이 필요 없어 혼잡하지 않다.
- 도서 열람의 체크 시설이 필요하다.
- 도서 열람이 가능하여 책을 보고 직접 뽑을 수 있다.
- 감시가 필요하지 않다.

㉢ 반개가식(semi-open access) : 열람자는 직접 서가에 면하여 책의 체재나 표시 정도는 볼 수 있으나 내용을 보려면 관원에게 요구하여 대출 기록을 남긴 후 열람하는 형식이다.
- 신간 서적 안내에 채용되며 대량의 도서에는 부적당하다.
- 출납 시설이 필요하다.
- 서가의 열람이나 감시가 불필요하다.

㉣ 폐가식(closed access) : 열람자는 책의 목록에 의해 책을 선택하여 관원에게 대출 기록을 제출한 후 대출받는 형식이다. 서고와 열람실이 분리되어 있다.
- 도서의 유지관리가 양호하다.
- 감시할 필요가 없다.
- 희망한 내용이 아닐 수 있다.
- 대출 절차가 복잡하고 관원의 작업량이 많다.

---

10 미술관의 창에 의한 자연채광 형식에 대한 설명 중 옳지 않은 것은?

① 고측광창 형식 – 측광식, 정광식을 절충한 방법이다.

② 정광창 형식 – 천창의 직접 광선을 막기 위해 천창 부분에 루버를 설치하거나 2중으로 한다.

③ 측광창 형식 – 대규모의 전시실에 좋으며 가장 이상적인 방법이다.

④ 정측광창 형식 – 관람자의 위치는 어둡고 전시벽면은 조도가 밝아 효율적인 형태이다.

<(Point) 측광창 형식은 측면 창에 광선을 들이는 방식으로, 소규모 전시실 외에는 부적합하다.

11 체육시설의 건축계획에 대한 설명으로 옳지 않은 것은?

① 국제수영연맹 규정에 의한 경영수영장의 규격은 18m × 50m이며, 레인 번호 표시 1번은 출발대로부터 풀을 향해 왼쪽이다.

② 스피드 스케이트 경기장은 원칙적으로 좌회전 활주방식으로 계획한다.

③ 골프 경기장은 통상적으로 18개의 홀로 구성되며 롱홀 4개, 미들홀 10개, 쇼트홀 4개의 비율로 이루어진다.

④ 야구장 그라운드의 형상은 센터라인을 축으로 한 좌우대칭을 기본으로 하며 왼쪽이 약간 넓은 경우도 있다.

<(Point) 국제수영연맹 규정에 의한 경영수영장의 규격은 25m × 50m이며 레인번호 표시 1번은 출발대로부터 풀을 향해 오른쪽이다.

>> ANSWER

10.③ 11.①

12 철과 유리라는 단순한 재료에 의해 다양한 형태를 구사하며 "적을수록 풍부하다(Less is more)"라는 이론을 주장한 건축가는?

① 르 꼬르뷔제　　　　　　　　　　② 그로피우스

③ 미스 반 데 로에　　　　　　　　④ 프랭크 로이드 라이트

 (Point) 미스 반 데 로에는 지지체와 비지지체를 분리(철골구조의 가능성 추구)하였다.
　　① 합리적 기능주의, 도미노 주택계획안, 근대 건축의 5원칙 등을 주장하였다.
　　② 독일공작연맹, 바우하우스를 통하여 국제주의 양식을 확립하고, 건축의 표준화, 대량생산 시스템과 합리적 기능주의를 추구하였다.
　　④ 미국의 풍토와 자연에 근거한 자연과 건물의 조화, 유기적 건축을 추구하였다.

13 긴 석재로 구성된 탑으로 왕권을 상징하기 위해 건립된 것으로 이집트 건축에 속하는 것은?

① 피라미드(Pyramid)　　　　　　② 스핑크스(Sphinx)

③ 마스터바(Mastaba)　　　　　　④ 오벨리스크(Obelisk)

(Point) ④ 오벨리스크(Obelisk)
　　㉠ 긴 석재로 구성된 탑으로 왕권을 상징하기 위해 건립되었다.
　　㉡ 탑신에 태양송가 왕권찬양 등을 음각으로 표현하였다.
　　㉢ 정사각형의 기반 위에 4각추의 탑신을 두고 중앙부는 약간 블록한 구조를 가진다.
① 피라미드(Pyramid)
　　㉠ 절대적인 왕의 권력을 상징하고자 건설한 왕의 분표로서 이집트 고대문명을 대표하고 상징하는 건축물이다.
　　㉡ 내부에 왕의 사체와 사후생활에 필요한 물품을 보관하였다.
　　㉢ 내부는 석회석, 외부는 백색화강석을 이용하여 조적식 구조로 건설하였고 주출입구, 상승 및 하강경사로, 회랑, 왕의 묘실, 여왕의 묘실, 부묘실, 환기구 등으로 구성된다.
② 스핑크스(Sphinx)
　　㉠ 사람의 머리와 사자의 동체를 가지고 있다. 왕재(王者)의 권력을 상징하는 모습을 가지고 있다.
　　㉡ 이집트와 아시리아의 신전이나 왕궁·분묘 등에서 그 조각을 발견할 수 있다.
③ 마스터바(Mastaba)
　　㉠ 이집트 왕조 초기에 왕, 왕족, 귀족의 분묘로서 건설된 양식이다.(이 양식은 후에 피라미드로 발전된다)
　　㉡ 초기에는 주로 흙벽돌을 이용하여 건설하다가 점차로 석재를 이용하여 건설하였다.
　　㉢ 형태는 평지붕과 경사벽으로 구성된 입방체의 단순 기하학적 형태를 이루고 내부는 의식공양실, 사자조상실, 사체보관실 등으로 구성된다.

>> **ANSWER**

12.③　13.④

14 우리나라 건축에서 눈의 여러 가지 착시현상을 바로잡기 위한 방법으로 우리의 전통 건축에서만 볼 수 있는 것은?

① 배흘림

② 안쏠림

③ 귀솟음

④ 민흘림

 Point ① 기둥 부리 아래로부터 1/3 지점에서 직경이 가장 크고 위와 아래로 갈수록 직경을 줄여가면서 만든 기둥을 지칭한다. 큰 건물이나 정전에서 사용했으며 그리스나 로마 신전에서도 볼 수 있다.
② 기둥 상단을 수직면에서 미세한 각도로 안쪽으로 쏠리게 세우는 것으로 시각적으로 건물 전체에 안정감을 준다.
④ 주로 방주에서 많이 이용한 것으로 기둥머리보다 기둥뿌리의 직경이 더 크다.

15 건물의 결로에 대한 설명 중 가장 부적합한 것은?

① 다층구성재의 외측(저온측)에 방습층이 있을 때 결로를 효과적으로 방지할 수 있다.

② 온도차에 의해 벽 표면 온도가 실내공기의 노점온도보다 낮게 되면 결로가 발생하며, 이러한 현상은 벽체내부에서도 생긴다.

③ 구조체의 온도변화는 결로에 영향을 크게 미치는데, 중량구조는 경량구조보다 열적 반응이 늦다.

④ 내부결로가 발생되면 경량콘크리트처럼 내부에서 부풀어 오르는 현상이 생겨 철골부재와 같은 구조체에 손상을 준다.

Point 다층구성재의 경우 내측(고온층)에 방습층이 있을 경우 결로현상을 방지할 수 있다.

» ANSWER

14.③ 15.①

16 흡음재료 및 구조의 특성에 대한 설명으로 옳은 것은?

① 다공질 흡음재는 특히 저주파수에서 높은 흡음률을 나타낸다.

② 판진동 흡음재의 흡음판은 막진동하기 쉬운 얇은 것일수록 흡음효과가 적다.

③ 공동공명기는 배후 공기층의 두께를 증가시키면 최대 흡음률의 위치가 고음역으로 이동한다.

④ 가변흡음구조는 실의 용도에 따라 잔향시간을 조절할 수 있으므로 다목적용 오디토리엄, 방송스튜디오, 시청각실 등에 이용되고 있다.

🔊 Point ① 다공질 흡음재 : 중 · 고주파수의 흡음률이 높다.
② 판진동 흡음재 : 저주파수의 흡음률이 높다.
③ 공동공명기의 흡음재 : 모든 주파수의 영역을 균등하게 흡음한다.

17 중앙식 급탕방식은 직접가열식과 간접가열식이 있다. 다음의 표는 이 둘을 비교한 표이다. 표에 들어갈 말로 알맞은 것을 순서대로 나열한 것은?

구분	직접가열식	간접가열식
가열장소	(가)	(나)
보일러 내 스케일	자주 발생한다.	거의 발생하지 않는다.
적용 대상	중소규모 건물	대규모 건물
저탕조내의 가열코일	불필요	필요
열효율	(다)	(라)

	(가)	(나)	(다)	(라)
①	온수보일러	저탕조	불리	유리
②	저탕조	온수보일러	불리	유리
③	온수보일러	저탕조	유리	불리
④	저탕조	온수보일러	유리	불리

🔊 Point

구분	직접가열식	간접가열식
가열장소	온수보일러	저탕조
보일러 내 스케일	자주 발생한다.	거의 발생하지 않는다.
적용 대상	중소규모 건물	대규모 건물
저탕조내의 가열코일	불필요	필요
열효율	유리	불리

» ANSWER

16.④ 17.③

18 다음은 오물정화설비에 관한 사항들이다. 이 중 바르지 않은 것은?

① 부패조의 유효용량은 유입오수량의 2일분 이상을 기준으로 한다.

② 산화조는 산소의 공급으로 호기성균에 의해 산화처리하는 곳이다.

③ 소독조는 산화조에서 나오는 오수를 멸균시키는 곳이다.

④ 오물정화조의 정화순서는 오물의 유입→산화조→부패조→소독조→방류 순이다.

📢 Point 오물정화조의 정화순서는 오물의 유입→부패조→산화조→소독조→방류 순이다.

19 다음과 같은 특징을 갖는 공기조화방식은?

> • 냉온풍의 혼합으로 인한 혼합손실이 있어서 에너지 소비량이 많다.
> • 부하특성이 다른 다수의 실이나 존에도 적용할 수 있다.
> • 전공기방식의 특성이 있다.

① 유인 유닛방식   ② 팬코일 유닛방식

③ 단일 덕트방식   ④ 이중 덕트방식

📢 Point 보기의 내용은 이중 덕트방식에 관한 사항들이다.

> ☆ **Plus tip** 공조방식의 종류
> ⊙ 이중덕트방식(double duct system): 냉풍과 온풍을 각각의 덕트로 보낸 후 말단의 혼합상자에서 냉·온풍을 열부하에 알맞은 비율로 혼합해 각 실에 송풍하는 방식이다.
> ⓛ 유인유닛방식(induction unit system): 중앙공조실에서 외기의 1차 공기를 실내에 설치된 유닛에 공급하여 실내의 2차 공기를 유인하여 혼합하는 방식으로 중간 규모 이상의 사무실, 호텔, 아파트, 병원 등에 적합하다.
> ⓒ 팬코일유닛방식(fan coil unit system): 냉각과 가열코일, 그리고 송풍용 팬이 내장된 유닛에 중앙기계실에서 보낸 냉·온수를 이용하여 실내의 공기를 조화하는 방식이다.
> ⓔ 단일덕트방식(single duct system): 공조기에서 조화한 공기를 하나의 주 덕트로부터 분기하여 각 방(존)에 보내고 환기하는 방식으로 공기 조화의 기본방식이다. 보통은 공기 조화기 단위의 온습도 제어가 되어 개별제어는 불가능하다.

≫ **ANSWER**

18.④   19.④

20 지구단위계획에 대한 설명 중 옳지 않은 것은?

① 지구단위계획은 도시계획 수립대상지역 안의 일부에 대하여 토지이용을 합리화하고 도시의 기능과 미관을 증진시키는 계획이다.

② 도시계획과 건축계획의 중간단계에 해당한다.

③ 지구단위계획구역 및 지구단위계획은 도시관리계획으로 결정한다.

④ 지구단위계획에서는 건폐율, 용적률에 대한 규정을 다루지는 않으며, 지구 전체의 건축선, 건물형태 등 지구 전체와 관련된 내용을 주로 규정한다.

📢(Point) 지구단위계획에서는 건폐율, 용적률을 다룬다.

1 건축의 3대 요소는 기능, 구조, 미이다. 이 중 미의 디자인 원리에 포함되지 않는 것은?

① 질감   ② 통일

③ 조화   ④ 비례

📢(Point) 질감은 디자인의 요소에 해당한다.

> ✿ Plus tip 건축의 3대 요소(기능, 구조, 미)
>
> ㉠ 기능
> • 입지의 조건 … 경제성, 타당성
> • 배치의 조건 … 주변 환경과의 관계, 토지의 활용도, 접근의 용이성
> • 평면의 조건 … 배치에 의한 동선의 관계, 면적
> • 입면 … 창호물, 즉 개구부의 위치 및 방향, 벽면의 형태
> • 단면 … 안전성, 층고, 단면의 치수, 설비적인 공간
> ㉡ 구조
> • 안전성을 확보해야 한다.
> • 안전성을 기초로 하여 기능과 미가 균형과 조화를 이루어야 한다.
> • 구조의 분류 … 조적, 막, 가구, 일체
> ㉢ 미
> • 디자인의 요소(Factor) : 점, 선, 형, 크기, 명암, 질감
> • 디자인의 원리(Principle) : 조화, 대비, 비례, 균형, 반복, 통일, 율동, 균제, 변화

》 ANSWER

1.①

2 다음은 유니버셜 디자인, 베리어프리 디자인에 관한 사항들이다. 이 중 바르지 않은 것은?

① 유니버셜 디자인의 4원리에는 접근성, 지원성, 융통성, 안전성이 있다.

② 베리어프리 디자인은 장애인, 노인, 어린이, 임산부, 외국인 등 모두를 대상으로 최대한 이용하기 편리하게 디자인하는 것을 말한다.

③ 공평한사용, 사용상의 융통성, 정보이용의 용이성은 유니버셜 디자인 7대 원칙에 속한다.

④ 유니버셜 디자인 7대원칙에는 간단하고 직관적인 사용, 오류에 대한 포용력, 적은 물리적 노력, 접근과 사용을 위한 충분한 공간이 포함된다.

📢 **(Point)** 유니버셜 디자인 … 장애인, 노인, 어린이, 임산부, 외국인 등 모두를 대상으로 최대한 이용하기 편리하게 디자인하는 것으로 특정 사용자층을 위해 문제해결을 도모하는 베리어프리 디자인과 구별된다. (장애물 없는 생활환경 인증제도 즉, 배리어프리 인증제도가 유니버셜 디자인을 실천하기 위한 제도적 장치이다. 장애인에 대한 신체적 기능을 보완하기 위한 베리어프리 디자인에서 노인, 여성, 외국인 등 다양한 자료를 배려하고 인간의 전체 생애주기까지 수용하는 것을 의미한다.)

3 집합주거의 배치개념으로서 고려하는 내용으로 옳지 않은 것은?

① 동지시 4시간 일조확보를 위한 인동간격을 기준으로 판단한다.

② 교통은 가급적 일방통행으로 하고 보차를 분리한다.

③ 어린이 놀이터는 각 주호 영역으로부터 가능한 격리시킨다.

④ 쿨데삭(Cul-de-Sac) 방식은 자동차 교통이 막다른 골목형태로 배치된다.

📢 **(Point)** ③ 어린이 놀이터의 경우는 항시 눈에 띄는 장소에 위치해야 하므로 각 주호의 영역으로부터 가까운 곳에 위치시키도록 한다.

4 아파트 코어의 평면상 분류 중 통행이 편리하고 독립성이 좋고 통행부의 면적이 감소하여 건물의 이용도가 높은 형식은?

① 홀형
② 편복도형
③ 중복도형
④ 집중형

Point ① 계단실형(홀형)
• 계단 또는 엘리베이터 홀로부터 직접 주거단위로 들어가는 형식이다.
• 각 세대간 독립성이 높다.
• 고층아파트일 경우 엘리베이터 비용이 증가한다.
• 단위주호의 독립성이 좋다.
• 채광, 통풍조건이 양호하다.
• 복도형보다 소음처리가 용이하다.
• 통행부의 면적이 작으므로 건물의 이용도가 높다.
② 편복도형
• 남면일조를 위해 동서를 축으로 한쪽 복도를 통해 각 주호로 들어가는 형식이다.
• 거주자의 자연적 환경을 동일하게 만들고자 할 때 일반적으로 채용한다.
• 통풍 및 채광은 양호한 편이지만 복도 폐쇄시 통풍이 불리하다.
③ 중복도형
• 부지의 이용률이 높다.
• 고층고밀화에 유리하여 주로 독신자아파트에 적용된다.
• 통풍 및 채광이 불리하다.
• 프라이버시가 좋지 않다.
④ 집중형(코어형)
• 채광 및 통풍조건이 좋지 않으므로 기후조건에 따라 기계적 환경조절이 필요하다.
• 부지이용률이 극대화된다.
• 프라이버시가 좋지 않다.

5 호텔계획에 관한 설명으로 옳지 않은 것은?

① 공용부분은 일반적으로 저층에 배치하도록 하여 이용성을 좋게 한다.
② 로비와 라운지는 각각의 공간으로 구별해야 한다.
③ 로비는 공용공간의 중심이 되도록 한다.
④ 호텔의 형태는 일반적으로 숙박부분 계획에 의해 영향을 받는다.

Point 로비는 휴게, 면담, 대기 등 다목적으로 사용되는 곳으로 공용공간의 중심이 되도록 하며 라운지 또한 넓은 복도로서 로비와 같은 목적으로 쓰이므로 로비와 라운지는 용이하게 연속될 수 있게 계획하도록 한다.

>> ANSWER
4.① 5.②

6 공장의 건축형식 중 집중식(Block type)에 관한 설명으로 옳은 것은?

① 공간의 효율성이 떨어진다.

② 무창공장에 적합하다.

③ 통풍 및 채광이 양호하다.

④ 건축비가 비싸다.

 Point 집중식(Block type)

ⓐ 공간효율성이 높다.

ⓑ 일반 기계조립공장·단층건물·평지붕의 무창공장에 적합하다.

ⓒ 내부의 배치 및 변경에 탄력성이 있다.

ⓓ 건축비가 저렴하다.

ⓔ 흐름이 단순하여 운반에 용이하다.

7 다음 중 극장의 좌석배열에 관한 설명으로 옳지 않은 것은?

① 객석의 구배는 1/8 정도로 한다.

② 통로의 폭은 세로 80cm 이상, 가로 100cm 이상으로 한다.

③ 편측통로의 폭은 60 ~ 100cm로 한다.

④ 객석이 횡렬 7석 이상일 경우 전후간격은 85cm 이상으로 한다.

Point ① 구배는 $\frac{1}{10}\left(\frac{1}{12}\right)$ 정도로 한다.

8 대규모 미술관의 평면을 계획할 때 전시실의 순회형식으로 옳지 않은 것은?

① 중앙 홀형식

② 갤러리 및 코리도 형식

③ 연속순로형식

④ 혼합형식

🔊(Point) ③ 연속순로형식은 소규모 미술관, 전시실에 적합하다.

> ☆ Plus tip 전시실의 순로형식
>
> ㉠ 연속순로 형식
> • 구형 또는 다각형의 각 전시실을 연속적으로 연결하는 형식이다.
> • 단순하고 공간이 절약된다.
> • 소규모의 전시실에 적합하다.
> • 전시벽면을 많이 만들 수 있다.
> • 많은 실을 순서별로 통해야 하고 1실을 닫으면 전체 동선이 막히게 된다.
> ㉡ 갤러리 및 코리도 형식
> • 연속된 전시실의 한쪽 복도에 의해 각실을 배치한 형식이다.
> • 복도가 중정을 포위하여 순로를 구성하는 경우가 많다.
> • 각 실에 직접출입이 가능하며 필요시 자유로이 독립적으로 폐쇄할 수 있다.
> • 르코르뷔지에가 와상동선을 발전시켜 미술관 안으로 '성장하는 미술관'을 계획하였다.
> ㉢ 중앙홀 형식
> • 중심부에 하나의 큰 홀을 두고 그 주위에 각 전시실을 배치하여 자유로이 출입하는 형식이다.
> • 부지의 이용률이 높은 지점에 건립할 수 있다.
> • 중앙홀이 크면 동선의 혼란이 없으나 장래에 많은 무리가 따른다.

9 근대에서 현대로의 전환기에 다양하게 나타난 건축사조 중 대표적인 경향이 아닌 것은?

① 아르누보 건축

② 형태주의 건축

③ 유토피아적 건축

④ 브루탈리즘 건축

🔊(Point) 아르누보 건축 … 19세기말의 건축에서 절충주의, 고전주의 경향에 대하여 반작용한 운동으로 여명기에 발생한 근대적 건축운동에 해당한다.

≫ ANSWER

8.③ 9.①

10 다음에서 설명하는 학교운영방식은?

> ㉠ 학급을 2분단으로 나누어 한쪽이 일반교실을 사용할 때 다른 한쪽이 특별교실을 사용한다.
> ㉡ 교과담임제와 학급담임제를 병용할 수 있다.
> ㉢ 교사수와 시설이 적당하지 않으면 실시가 어렵다.

① 달톤형　　　　　　　　　② 플래툰형
③ 교과교실형　　　　　　　④ 종합교실형

📣 (Point) 보기의 내용은 플랜툰형 운영방식에 대한 사항이다.

💡 **Plus tip　학교 운영방식**

㉠ 종합교실형(A형Activity Type / U형Usual Type)
- 각 학급은 자신의 교실 내에서 모든 교과를 수행 (학급수 = 교실수)
- 학생의 이동이 전혀 없고 가정적인 분위기를 만들 수 있음
- 초등학교 저학년에서 사용 (고학년 무리)

㉡ 일반교실/특별교실형(U+A형)
- 일반교실이 각 학급에 하나씩 배당되고 특별교실을 가짐
- 중고등학교에서 사용

㉢ 교과교실형(V형 – Department Type)
- 모든 교실이 특정한 교과를 위해 만들어지므로 일반 교실 없음
- 홈베이스(평면 한 부분에 사물함 등을 비치하는 공간)를 설치하기도 한다.
- 학생이 이동이 심함
- 락커룸 필요하고 동선에 주의해야 함
- 대학교 수업과 비슷

㉣ 플래툰형(P형 – Platoon Type)
- 전 학급을 두 분단으로 나눈 후 한 분단은 일반교실, 다른 한 분단은 특별교실 사용
- 분단 교체는 점심시간을 이용하도록 하는 것이 유리
- 교사수가 부족하고 시간 배당이 어렵다.
- 미국 초등학교에서 과밀을 해소하기 위해 실시

㉤ 달톤형(D형 – Dalton Type)
- 학급, 학년을 없애고 각자의 능력에 따라 교과를 골라 일정한 교과가 끝나면 졸업
- 능력형으로 학원이나 직업학교에 적합
- 하나의 교과의 출석 학생수가 불규칙하므로 여러 가지 크기의 교실 설치
- 학원과 같은 곳에서 사용

㉥ 개방학교(Open School)
- Team Teaching이라고 불림
- 학급단위의 수업을 부정하고 개인의 능력, 자질에 따라 편성

※ 홈베이스 … 홈베이스는 평면 한 부분에 사물함 등을 비치하는 공간이다. 그 위치는 모서리가 될 수도 있고 복도 중간이 될 수도 있다. 주로 교과교실형에 적용된다.

※ 오픈플랜스쿨 … 종래의 학급 단위로 하던 수업을 거부하고 개인의 자질과 능력 또는 경우에 따라서 학년을 없애고 그룹별 팀 티칭(team teaching, 교수학습제) 등 다양한 학습활동을 할 수 있게 만든 학교로 평면형은 가변식벽구조로 하여 융통성을 갖도록 하고, 칠판, 수납장 등의 가구는 이동식이 많으며 인공 조명을 주로 하며, 공기조화 설비가 필요하다.

>> **ANSWER**

10.②

11 르 꼬르뷔제의 5대 원칙이 아닌 것은?

① 수직띠장을 이용한 자유설계

② 자유로운 입면

③ 필로티

④ 평지붕을 이용한 옥상정원

　📣 Point 르 꼬르뷔제의 근대 건축의 5원칙 … 옥상정원, 필로티, 자유로운 평면, 자유로운 입면, 수평띠창

12 다음 건축물과 건축된 시대의 조합으로 옳지 않은 것은?

① 경주 첨성대 – 신라시대

② 불국사 다보탑 – 통일신라

③ 남대문 – 조선말기

④ 부석사 무량수전 – 고려중기

　📣 Point ③ 남대문은 조선중기에 건축되었다.

13 보일의 법칙으로 옳은 것은? (단, P : 압력, V : 체적, C : 상수)

① $PV = C$

② $PC = V$

③ $CV = P$

④ $P/V = C$

　📣 Point 보일의 법칙 … 동일한 온도에서 압력과 체적의 곱은 일정하다.

» ANSWER

11.② 12.③ 13.①

14 건축물의 빛 환경에 대한 설명 중 옳지 않은 것은?

① 대형공간의 천창은 측창에 비하여 상대적으로 균일한 실내조도 분포를 확보할 수 있다.

② 색온도는 광원의 색을 나타내는 척도로서, 그 단위는 캘빈(K)을 사용한다.

③ 휘도란 광원 또는 조명된 면이 특정한 방향으로 빛을 방사하는 세기의 정도를 의미하며, 그 단위로는 루멘(Lumen)을 사용한다.

④ 실내의 평균조도를 계산하는 방법인 광속법은 실내 공간의 필요 조명기구의 개수를 계산하고자 할 때 사용할 수 있다.

(Point) 휘도 … 일정한 넓이를 가진 광원 또는 빛의 반사체 표면의 밝기를 나타내는 양을 말하며 단위는 스틸브(sb) 또는 니트(nt)를 쓴다.

15 실내음향계획에 대한 설명으로 옳지 않은 것은?

① 실내에 일정한 세기의 음을 발생 시킨 후 그 음이 중지된 때로부터 음의 세기 레벨이 60 dB 감쇠하는데 소요된 시간을 잔향시간이라 한다.

② Sabine의 잔향시간(Rt)의 값은 '0.16 × 실의 용적 / 실내의 총 흡음력'으로 구한다.

③ 일반적으로 음원에 가까운 부분은 흡음성, 후면에는 반사성을 갖도록 계획한다.

④ 평면계획에서 타원이나 원형의 평면은 음의 집중이나 반향 등의 문제가 발생하기 쉬우므로 피한다.

(Point) 프로시니엄 홀과 같이 음원과 청취자 쪽이 명확히 분리되어 있는 경우에는 무대 쪽을 반사성으로 하고 객석 뒷부분을 흡음성으로 하는 것이 원칙이다.

16 두 개의 색 자극을 동시에 주지 않고 시간차를 두어 제시함으로써 일어나는 현상으로 눈이 가지고 있는 잔상이라는 특수한 현상 때문에 생기는 색의 대비는?

① 보색대비

② 채도대비

③ 계시대비

④ 색의 동화

📢 (Point) ③ 계시대비 : 두 개의 색 자극을 동시에 주지 않고 시간차를 두어 제시함으로써 일어나는 현상으로 눈이 가지고 있는 잔상이라는 특수한 현상 때문에 생기는 색의 대비

① 보색대비 : 보색 관계에 있는 두 색을 같이 놓을 때, 서로의 영향으로 더 뚜렷하게 보이는 현상이다. 보색 간의 관계에서 모든 색파장의 자극을 균형 있게 느낄 수 있도록 하여 서로의 색상에는 영향을 주지 않고 채도만 높여줄 수 있다. (보색 : 두 색이 서로를 보조해주는 색으로서 이 두 색은 보통 색상환에서 서로 정 반대쪽에 위치한 색이다.)

② 채도대비 : 채도가 다른 두 색을 인접시켰을 때 서로의 영향을 받아 채도가 높은 색은 더욱 높아 보이고 채도가 낮은 색은 더욱 낮아 보이는 대비현상

④ 색의 동화 : 대비현상과는 반대로 어느 영역의 색이 그 주위색의 영향을 받아 주위색에 근접하게 변화하는 효과. 명도동화, 색상동화, 채도동화가 있다.

17 봉수의 파괴원인과 그 대책으로 옳지 않은 것은?

① 모세관 현상 : 정기적으로 이물질 제거

② 자기사이펀 작용 : 트랩의 유출부분 단면적이 유입부분 단면적보다 큰 것을 사용

③ 역사이펀 작용 : 수직관의 낮은 부분에 통기관을 설치

④ 유도사이펀 작용 : 수직관 하부에 통기관을 설치하고 수직배수 관경을 충분히 크게 선정

📢 (Point) 유도사이펀 작용에 대한 대책으로서 수직관 상부에 통기관을 설치한다.

» ANSWER

16.③ 17.④

18 배관의 부속품에서 유체의 흐름을 한 방향으로만 흐르게 하고 반대 방향으로는 흐르지 못하게 하는 밸브는?

① 체크 밸브(check valve)

② 글로브 밸브(globe valve)

③ 슬루스 밸브(sluice valve)

④ 볼 밸브(ball valve)

> (Point) ① 체크 밸브(check valve, 역지 밸브) : 배관의 부속품에서 유체의 흐름을 한 방향으로만 흐르게 하고 반대 방향으로는 흐르지 못하게 하는 밸브이다.
> ② 글로브 밸브(globe valve) : 스톱밸브, 구형밸브라고도 하며 마찰저항(국부저항 상당관길이)이 가장 크다.
> ③ 슬루스 밸브(sluice valve) : 게이트 밸브라고도 하며 마찰저항(국부저항 상당관길이)이 가장 작다. 급수 및 급탕용으로 가장 많이 사용되는 밸브이다.
> ④ 볼 밸브(ball valve) : 통로가 연결된 파이프와 같은 모양과 단면으로 되어 있는 중간에 위치한 둥근 볼의 회전에 의하여 유체를 조절하는 밸브이다.

19 자연형 태양열시스템 중 축열지붕방식에 대한 설명으로 옳은 것은?

① 추운 지방에서 유리하고 거주공간 내 온도변화가 적지만 조망이 결핍되기 쉽다.

② 일반건물에서 쉽게 적용되고 투과체가 다양한 기능을 갖지만 과열현상이 초래된다.

③ 기존 재래식 건물에 적용하기 쉽고 점유공간을 확보할 수 있지만 시공비가 비싸다.

④ 냉난방에 모두 효과적이고 성능이 우수하지만 구조적 처리가 어렵고 다층건물에는 활용이 제한된다.

> (Point) 축열지붕방식은 지붕자체가 집열기 역할을 한다. 건물 높이에는 제한이 있으나 방위나 평면계획이 자유롭다. 지붕연못은 거리에서 외관상 눈에 나타나지 않는 장점이 있다. 그러나 구조적 처리가 어렵고 다층건물에는 활용이 제한된다.

20 다음 중 레드번(Radburn) 주택단지계획에 관한 설명으로 옳지 않은 것은?

① 중앙에는 대공원을 설치하였다.

② 주거구는 슈퍼블록 단위로 계획하였다.

③ 보행자의 보도와 차도를 분리하여 계획하였다.

④ 주거지 내의 통과 교통으로 간선도로를 계획하였다.

> **(Point)** 레드번에서는 쿨데삭을 두어 주거지 내의 통과 교통을 배제하고자 하였다.

> ☆ **Plus tip** 레드번 계획(H. Wright, C. Stein)
> ㉠ 자동차 통과 교통의 배제를 위한 슈퍼블록의 구성
> ㉡ 보도와 차도의 입체적 분리
> ㉢ Cul – de – sac형의 세가로망 구성
> ㉣ 공동의 오픈스페이스 조성
> ㉤ 도로는 목적별로 4종류의 도로 설치
> ㉥ 단지 중앙에는 대공원 설치
> ㉦ 초등학교 800m, 중학교 1,600m 반경권

>> **ANSWER**

20.④

1 다음은 건축과정을 나타낸 것이다. ( ) 안에 알맞게 넣은 것은?

① 건축가, 시공자, 사용자, 건축주　　　② 시공자, 건축가, 건축주, 사용자

③ 건축주, 건축가, 시공자, 사용자　　　④ 건축주, 시공자, 건축가, 사용자

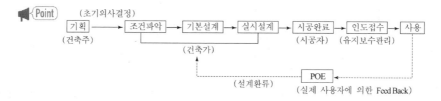

2 다음은 규격화된 창호이다. 괄호 안에 들어갈 알맞은 것은?

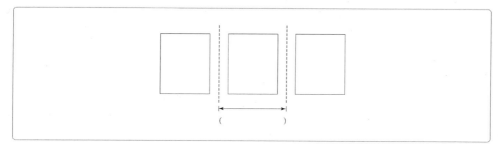

① 제품치수　　　　　　　　　　　　② 줄눈치수

③ 공칭치수　　　　　　　　　　　　④ 창호치수

Point ① 공칭치수 – 줄눈치수
　　　② 줄눈의 치수
　　　③ 제품치수 + 줄눈치수
　　　④ 창호 줄눈 중심간 치수

>> ANSWER
1.③ 2.③

3 다음 보기는 디지털건축에 관한 주요 개념들을 설명하고 있다. 빈칸에 들어갈 말로 알맞은 것을 순서대로 나열한 것은?

> • ((가)): 작은 구조가 전체 구조와 비슷한 형태로 끝없이 되풀이 되는 구조이다. 부분과 전체가 똑같은 모양을 하고 있다는 자기 유사성 개념을 기하학적으로 푼 구조를 말한다.
> • ((나)): 줄기가 뿌리와 비슷하게 땅속으로 뻗어 나가는 땅속줄기 식물을 가리키는 식물학에서 온 개념으로서 뿌리와 줄기의 구별이 사실상 모호해진 상태를 의미한다.
> • ((다)): 현실의 이미지나 배경에 3차원 가상 이미지를 겹쳐서 하나의 영상으로 보여주는 기술이다.

	(가)	(나)	(다)
①	리좀	넙스	가상현실
②	넙스	프랙털	증강현실
③	프랙털	리좀	증강현실
④	리좀	유비쿼터스	가상현실

🔈 **Point** (가) 프랙털(fractal): 작은 구조가 전체 구조와 비슷한 형태로 끝없이 되풀이 되는 구조이다. 부분과 전체가 똑같은 모양을 하고 있다는 자기 유사성 개념을 기하학적으로 푼 구조를 말한다.
(나) 리좀(Rhyzome): 줄기가 뿌리와 비슷하게 땅속으로 뻗어 나가는 땅속줄기 식물을 가리키는 식물학에서 온 개념으로서 뿌리와 줄기의 구별이 사실상 모호해진 상태를 의미한다.
(다) 증강현실(Augmented Reality): 현실의 이미지나 배경에 3차원 가상 이미지를 겹쳐서 하나의 영상으로 보여주는 기술이다.

» ANSWER
3.③

4 다음과 같은 경사지에서 주택배치가 가장 불리한 곳은?

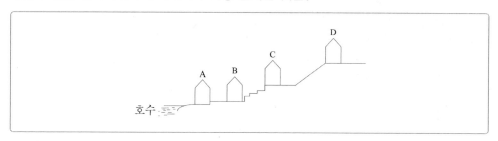

① A ② B

③ C ④ D

🔊 (Point) 경사진 부지에서의 배치

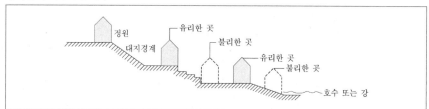

5 1단지 주택계획을 인보구, 근린분구, 근린주구의 단위로 구분할 때 그 규모로 옳지 않은 것은?

① 인보구 − 20 ~ 40호

② 근린주구 − 1,600 ~ 2,000호

③ 근린분구 − 2,000 ~ 2,500호

④ 근린주구 − 8,000 ~ 10,000명

🔊 (Point) 근린분구의 규모
ⓐ 15 ~ 25ha
ⓑ 400 ~ 500호
ⓒ 2,000 ~ 2,500명

6 다음 중 고층 사무소 건축의 Core system에 관한 설명으로 옳지 않은 것은?

① 설비부분이 집약되어 경제적이다.

② 건축물의 유효면적을 증가시킬 수 있다.

③ 구조적 이점과 정돈된 외관을 얻을 수 있다.

④ 독립성이 좋아진다.

📢 Point) 코어 System의 장점

㉠ 설비부분의 집약으로 최단거리가 된다.

㉡ 서비스적인 부분을 한곳에 집중시킬 수 있다.

㉢ 사무소의 유효면적이 증대된다.

㉣ 코어의 벽을 내진벽으로 하여 구조적으로 유리하다.

㉤ 공간을 융통성 있고 균일하게 계획할 수 있다.

> ☆ **Plus tip 코어의 형식**
>
> ㉠ 편심코어형
> - 바닥면적이 작은 경우에 적합하다.
> - 바닥면적이 커지면 코어 외에 피난설비, 설비 샤프트 등이 필요하다.
> - 고층일 경우 구조상 불리하다.
>
> ㉡ 중심코어형(중앙코어형)
> - 바닥면적이 큰 경우에 적합하다.
> - 고층, 초고층에 적합하고 외주 프레임을 내력벽으로 하여 중앙 코어와 일체로 한 내진구조로 만들 수 있다.
> - 내부공간과 외관이 획일적으로 되기 쉽다.
>
> ㉢ 독립코어형(외코어형)
> - 편심코어형에서 발전된 형으로 특징은 편심코어형과 거의 동일하다.
> - 코어와 관계없이 자유로운 사무실 공간을 만들 수 있다.
> - 설비 덕트, 배관을 사무실까지 끌어 들이는데 제약이 있다.
> - 방재상 불리하고 바닥면적이 커지면 피난시설을 포함한 서브 코어가 필요하다.
> - 코어의 접합부 평면이 과대해지지 않도록 계획할 필요가 있다.
> - 사무실 부분의 내진벽은 외주부에만 하는 경우가 많다.
> - 코어부분은 그 형태에 맞는 구조형식을 취할 수 있다.
> - 내진구조에는 불리하다.
>
> ㉣ 양단코어형(분리코어형)
> - 하나의 대공간을 필요로 하는 전용 사무소에 적합하다.
> - 2방향 피난에 이상적이며, 방재상 유리하다.
> - 임대사무소일 경우 같은 층을 분할하여 대여하면 복도가 필요하게 되고 유효율이 떨어진다.

》 ANSWER

6.④

7 다음 중 근린분구의 시설이 아닌 것은?

① 파출소

② 도서관

③ 공중목욕탕

④ 술집

📢 (Point) ② 근린주구에 속한다.

> ☆ Plus tip 근린분구 시설
> ㉠ 소비시설 : 잡화상, 술집, 쌀가게 등
> ㉡ 후생시설 : 공중목욕탕, 약국, 이발관, 진료소, 조산소, 공중변소 등
> ㉢ 공공시설 : 공회당, 파출소, 공중전화, 우체통 등
> ㉣ 보육시설 : 유치원, 탁아소, 아동공원 등

8 다음 중 백화점 계획 시 유의해야 할 것으로 옳지 않은 것은?

① 판매장 면적은 전체면적에 대하여 60% 이상이어야 한다.

② 교통이 편리한 곳에 위치시킨다.

③ 판매장의 에스컬레이터는 출입구 가까이에 설치하는 것이 바람직하다.

④ 대지는 2면 이상 도로에 면하는 것이 이상적이다.

📢 (Point) 에스컬레이터의 위치
㉠ 매장중앙의 가까운 곳에 설치하여 고객이 매장을 쉽게 볼 수 있도록 한다.
㉡ 엘리베이터와 주출입구 중간에 위치시키도록 한다.

9 병동배치에서 집중식에 대한 설명으로 옳지 않은 것은?

① 보행거리와 위생 난방길이가 짧아진다.

② 대지면적이 분관식(Pavilion type)보다 작아도 된다.

③ 병동은 고층호텔 형식으로 하여 환자를 엘리베이터로 운송한다.

④ 외래부, 부속진료부, 병동부를 각각 병동으로 하여 복도와 연결시킨다.

📢 (Point) ④ 외래부, 부속진료부, 병동부를 각각 별동으로 하여 복도와 연결시키는 것은 분관식이다.

※ 집중식… 외래부, 부속진료부, 병동부를 한 건물로 합치고, 병동부의 병동은 고층에 두어 환자를 운송하는 형식이다.

10 극장에서 무대 제일 뒤쪽에 설치하는 무대의 배경을 무엇이라 하는가?

① 사이클로라마(Cyclorama horizont)

② 그린룸(Green room)

③ 오케스트라 박스(Orchestra box)

④ 프로시니엄 아치(Proscenium arch)

📢 (Point) ② 그린룸(Green room) : 출연대기실로서 주로 무대 가까운 곳에 설치하고 보통 30㎡ 이상의 크기로 한다.

③ 오케스트라 박스(Orchestra box) : 오페라, 연극 등의 경우 음악을 연주하는 곳으로서 객석의 최전방 무대의 선단에 둔다.

④ 프로시니엄 아치(Proscenium arch) : 관람석과 무대 사이에 설치할 격벽의 개구부의 틀로 개구부를 통해 극을 관람하게 된다. 조명기구나 막으로 막아서 후면무대를 가리는 역할을 하며 그림의 액자와 같이 관객의 눈을 무대로 향하게 하는 시각적인 효과를 낸다.

> 🎯 **Plus tip** 사이클로라마
> ㉠ 무대 제일 뒤쪽에 설치하는 무대의 배경을 말한다.
> ㉡ 곡면의 벽이다.
> ㉢ 사이클로라마에 광선, 투사, 무지개 등 영창을 연출하도록 하는 장치이다.
> ㉣ 무대의 양 옆과 뒤를 보이지 않게 하는 매스킹의 역할도 한다.

》 ANSWER

9.④ 10.①

11 전시실의 특수기법 중 벽, 천장을 직접 이용하지 않고 전시물이나 전시장치에 배치하는 방법은?

① 하모니카 전시기법

② 파노라마 전시기법

③ 디오라마 전시기법

④ 아일랜드 전시기법

> **Point** 특수 전시기법의 종류
> ⊙ 하모니카 전시기법 : 전시의 평면이 하모니카 흡입구처럼 동일공간에 연속적으로 배치되는 방법
> ○ 파노라마 전시기법 : 벽면의 전시와 입체물이 병행되는 방법
> © 디오라마 전시기법 : 하나의 주제나 시간적 상황을 고정시켜서 연출하는 방법
> ② 아일랜드 전시기법 : 벽, 천장을 직접 이용하지 않고 전시물이나 전시장치에 배치하는 방법
> ⑩ 영상 전시기법 : 현물을 직접 전시할 수 없는 경우에 사용하는 방법

12 옥외노출 운동장 계획에 대한 설명으로 옳지 않은 것은?

① 트랙의 길이는 400m가 일반적이다.

② 필드의 수평허용 오차는 1/1,000으로 한다.

③ 필드는 트랙 면보다 배수가 잘 되기 위해 5cm 높게 해야 한다.

④ 오후의 서향일광을 고려하여 동쪽에 주경기장을 둔다.

> **Point** ④ 오후의 서향일광을 고려하여 서쪽에 주경기장을 둔다.

>> **ANSWER**

11.④ 12.④

13 서양의 건축양식을 설명한 것으로 옳지 않은 것은?

① 르네상스 돔에는 드럼(Drum)이 있다.

② 비잔틴 건축의 펜덴티브(Pendentive)는 모자이크를 장식하기 위한 장식부재이다.

③ 고딕건축에는 첨두아치(Pointed arch), 뜬버팀기둥(Flying buttress)이 있다.

④ 바실리카 교회당에는 네이브(Nave)와 아일(Aisle)이 있다.

🔊(Point) 펜덴티브(Pendentive) … 정방형에 외접원을 그려서 정방형 변에 따라서 수직으로 깎아내면 아치와 아치 사이에 3각형이 만들어지는 것을 뜻한다.

14 한국 고유의 처마구조에 대한 설명으로 옳지 않은 것은?

① 평고대 위에 부연을 만든다.

② 서까래 위에 평고대를 놓는다.

③ 부연 끝에는 연암을 대고 그 위에 부연평고대를 댄다.

④ 기와잇기 바탕은 서까래 위에 산자를 엮어 대고 알매흙을 되게 이겨 바른다.

🔊(Point) ③ 부연 끝에는 부연평고대를 대고 그 위에 연암을 댄다.

15 다음은 환기에 관한 설명들이다. 이 중 바르지 않은 것은?

① 환기횟수는 소요공기량을 실의 용적으로 나눈 값이다.

② 풍력환기는 1.5m/sec 이상의 풍속에 의한 환기를 의미한다.

③ 화장실과 주방 같은 공간은 주로 제3종 환기방식을 적용한다.

④ 제1종 환기방식은 압입식 환기로서 송풍기에 의해서 일방적으로 실내로 송풍하고 배기는 배기구 및 틈새 등으로부터 배출된다.

🔊(Point) 제2종 환기방식은 압입식 환기로서 송풍기에 의해서 일방적으로 실내로 송풍하고 배기는 배기구 및 틈새 등으로부터 배출된다. 제1종(병용식) 환기방식은 송풍기와 배풍기 모두를 사용해서 실내 환기를 행하는 것이며 실내외의 압력차를 조정할 수 있고, 가장 우수한 환기를 행할 수 있다.

≫ ANSWER

13.② 14.③ 15.④

16 다음은 여러 가지 음향효과에 대한 설명이다. 빈칸에 들어갈 말로 알맞은 것을 순서대로 나열한 것은?

> * ((개)) : 큰 소리와 작은 소리를 동시에 들을 때 큰 소리 위주로만 들리는 현상이다.
> * ((내)) : 음의 세기의 차이, 도달시간의 차이를 포착하여 음원의 방향을 식별할 수 있는 현상이다.
> * ((대)) : 소리를 내는 음원이 이동하면 그 이동방향과 속도에 따라 음의 주파수가 변화되는 현상이다.

	(개)	(내)	(대)
①	하스 효과	칵테일파티 효과	마스킹 효과
②	바이노럴 효과	도플러 효과	마스킹 효과
③	마스킹 효과	바이노럴 효과	도플러 효과
④	도플러 효과	하스 효과	칵테일파티 효과

(Point) (개) 마스킹 효과 : 큰 소리와 작은 소리를 동시에 들을 때 큰 소리 위주로만 들리는 현상이다.
(내) 바이노럴 효과 : 음의 세기의 차이, 도달시간의 차이를 포착하여 음원의 방향을 식별할 수 있는 현상이다.
(대) 도플러 효과 : 소리를 내는 음원이 이동하면 그 이동방향과 속도에 따라 음의 주파수가 변화되는 현상이다.

17 다음 중 압축식 냉동기와 흡수식 냉동기의 냉동사이클을 순서대로 바르게 나열한 것은?

	압축식 냉동기	흡수식 냉동기
①	압축→응축→팽창→증발	증발→흡수→재생→응축
②	응축→압축→팽창→증발	증발→재상→흡수→응축
③	팽창→응축→압축→증발	흡수→응축→재생→증발
④	증발→팽창→응축→압축	응축→재생→증발→흡수

(Point) • 압축식 냉동기 냉동사이클 : 압축→응축→팽창→증발
• 흡수식 냉동기 냉동사이클 : 증발→흡수→재생→응축

» ANSWER
16.③ 17.①

18 스프링클러는 건물에서 화재의 확산을 방지하기 위한 필수적인 소방설비이다. 그 종류는 여러 가지가 있는데 이 중 다음 설명에 해당하는 스프링클러 설비는?

> 스프링클러에 감열부가 없는 설비방식으로 물의 분출구가 항상 열려있는 개방형 헤드를 사용하여 화재 감지 시 헤드가 설치된 방수구역 내에 동시에 살수하는 방식이다. 또한 사람이 수동으로 밸브를 개방하여 스프링클러가 설치된 모든 구역에 살수가 가능하다.

① 건식설비(Dry Pipe Sprinkler System)
② 습식설비(Wet Pipe Sprinkler System)
③ 준비작동식설비(Preaction System)
④ 일제살수식설비(Deluge System)

📢(Point) ④ 일제살수식설비(Deluge System): 스프링클러에 감열부가 없는 설비방식으로 물의 분출구가 항상 열려있는 개방형 헤드를 사용하여 화재 감지 시 헤드가 설치된 방수구역 내에 동시에 살수하는 방식이다. 또한 사람이 수동으로 밸브를 개방하여 스프링클러가 설치된 모든 구역에 살수가 가능하다.
① 건식설비(Dry Pipe Sprinkler System): 스프링클러 배관에 물 대신 압축공기가 차 있어 화재의 열로 헤드가 열리면 배관내의 공기압이 저하되며 건식밸브가 이를 감지하여 경보를 울리고 스프링클러 펌프를 가동하여 헤드에 급수하게 된다. 이 방법은 화재 시 소화활동시간이 다소 지연되기는 하지만 물이 동결될 우려가 있는 한랭지에서 사용되고 있다.
② 습식설비(Wet Pipe Sprinkler System): 가압된 물이 스프링클러 배관의 헤드까지 차 있어 화재 시에는 헤드의 개구와 동시에 자동적으로 살수되며 알람밸브가 이를 감지하여 경보를 울리고 스프링클러 펌프를 가동하여 헤드에 급수하게 된다.
③ 준비작동식설비(Preaction System): 스프링클러 배관에 대기압상태의 공기가 차 있으며 화재감지기가 화재를 감지하게 되면 준비작동밸브를 개방함과 동시에 경보를 울리고 스프링클러 펌프를 가동하여 헤드에 급수하게 된다. 이 방식은 물이 동결할 우려가 있는 한랭지에서 많이 사용되고 있으며 주차장 등에 사용되는 스프링클러 설비는 대부분 이 방식이다.

>> ANSWER

18.④

19 다음은 수평보행기(무빙워크)에 관한 사항들이다. 빈 칸에 들어갈 말로 알맞은 것을 순서대로 바르게 나열한 것은?

> • 수평보행기(무빙워크)의 경사도는 (가) 이하가 원칙이다. (단, 디딤면이 고무제품 등 미끄러지기 어려운 구조인 경우 (나) 이하까지 완화가 가능하다.)
> • 경사도가 8° 이하인 경우 (다) 이하여야 하며, (라) 이하의 경사각일 경우 광폭형으로 설치가 가능하다.

	(가)	(나)	(다)	(라)		(가)	(나)	(다)	(라)
①	12°	15°	50m/min	6°	②	15°	18°	40m/min	8°
③	12°	18°	30m/min	6°	④	15°	15°	30m/min	7°

 (Point) • 수평보행기(무빙워크)의 경사도는 12° 이하가 원칙이다. (단, 디딤면이 고무제품 등 미끄러지기 어려운 구조인 경우 15° 이하까지 완화가 가능하다.)
• 경사도가 8° 이하인 경우 50m/min 이하여야 하며, 6° 이하의 경사각일 경우 광폭형으로 설치가 가능하다.

20 국토교통부 장관은 범죄를 예방하고 안전한 생활환경을 조성하기 위해 건축물, 건축설비 및 대지에 대한 범죄예방 기준을 정하여 고시할 수 있다. 다음 중 범죄예방 기준에 따라 건축해야 하는 건축물로 가장 옳지 않은 것은?

① 공동주택 중 세대수가 500세대 이상인 아파트
② 동·식물원을 제외한 문화 및 집회시설
③ 도서관 등 교육연구시설
④ 업무시설 중 오피스텔

(Point) 범죄예방 기준에 따라야 하는 건축물
ㄱ 세대수가 500세대 이상인 주택단지의 공동주택
ㄴ 제1종근린생활시설(일용품판매점)
ㄷ 제2종근린생활시설(다중생활시설)
ㄹ 문화 및 집회시설(동·식물원은 제외)
ㅁ 노유자시설
ㅂ 수련시설
ㅅ 업무시설 중 오피스텔
ㅇ 숙박시설 중 다중생활시설
ㅈ 단독주택, 공동주택[다세대주택, 연립주택 및 아파트(세대수가 500세대 미만인 주택단지)]은 범죄예방기준의 적용을 권장한다.

>> ANSWER
19.① 20.③

PART Ⅲ

건축구조

1　다음 그림과 같은 응력의 분포를 보이는 기초는?

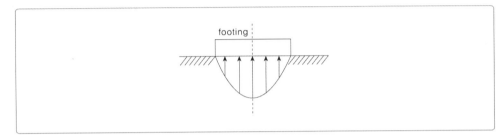

① 모래지반 위의 강성기초

② 점토지반 위의 강성기초

③ 모래지반 위의 휨성기초

④ 점토지반 위의 휨성기초

📣(Point) [지압응력 분포도]

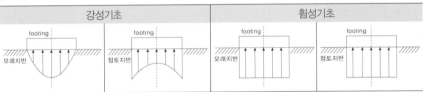

※ 지중의 응력분포

　　㉠ 모래질 지반 : 침하는 양단부에서 먼저 일어나게 된다.

　　㉡ 점토질 지반 : 침하는 중앙부분이 응력분포가 적기 때문에 중앙부에서 먼저 일어난다.

　　㉢ 접지압의 분포각도는 기초면으로부터 30° 이내로 제한한다.

>> ANSWER

1.①

2 다음 각 구조의 장·단점이 옳은 것은?

① 철근 콘크리트 구조 – 공사기간이 길지만 균일한 시공이 용이하다.

② 목 구조 – 외관이 미려하며 인간친화적이고 내화 및 내구성이 강하다.

③ 블록 구조 – 방화에 강하고 경량이며 공사비가 적다.

④ 돌 구조 – 횡력에 가장 강하다.

(Point) ① 공사기간이 길고 균일한 시공이 곤란하다.
　　　 ② 내화 및 내구성에 취약하다.
　　　 ④ 지진, 횡력에 약하다.

> ☆ **Plus tip** 건축 구조의 재료에 따른 분류
>
> ㉠ 목구조
> • 장점 : 시공이 용이하고 공사기간이 짧다. 외관이 미려하며 인간 친화적이다.
> • 단점 : 부패에 취약하여 변형이 발생하기 쉬워 관리가 어렵다. 화재에 취약하며 다른 재료에 비해서 내구성이 약하다.
>
> ㉡ 조적식 구조
> • 장점 : 시공이 간편하며 다양한 평면의 구현이 가능하다. 내화, 내구, 방한, 방서가 우수하고 외관이 장중하다.
> • 단점 : 횡력에 약하여 고층건축의 내력벽으로는 적합하지 않다. 균열이 쉽게 발생하며 습기에 취약하다.
>
> ㉢ 블록 구조
> • 장점 : 내화성능이 우수하며 공사가 용이하다. 공사비가 저렴하며 자재관리가 용이하다.
> • 단점 : 횡력에 약하여 내력벽을 구성할 시 철근으로 보강을 해야 한다. 균열이 쉽게 발생하며 습기에 취약하다.
>
> ㉣ 철근 콘크리트 구조
> • 장점 : 내진, 내화, 내구성능이 우수하다. 강성이 높아 내력벽의 주재료로 사용된다.
> • 단점 : 중량이 무거우며 공사 시 대형장비들이 요구된다. 공사비가 비싸며 품질관리가 어렵다.
>
> ㉤ 철골 구조
> • 장점 : 규격화되어 있고 외력에 의한 변형이 적어 시공과 관리가 용이하다. 장스팬 공간의 구성이 용이하다.
> • 단점 : 화재에 매우 취약하여 반드시 내화피복을 해야 한다. 공사비가 비싸며 전문인력이 요구된다.
>
> ㉥ 철골철근 콘크리트 구조
> • 장점 : 내진, 내화, 내구성이 매우 우수하다. 장스팬, 고층건물에 주로 적용되며 안정성이 높다.
> • 단점 : 공사기간이 길고 공사비가 비싸다. 시공을 하기가 복잡하다.
>
> ㉦ 석 구조
> • 장점 : 내화, 내구, 방한, 방서에 좋다. 외관이 미려하면서 장중하다.
> • 단점 : 횡력에 약하며 대재를 얻기가 어렵다. 인장강도가 약하여 보나 슬래브와 같은 부재로 사용하기에는 무리가 있다.

» ANSWER

2.③

3 다음은 프리캐스트 콘크리트의 구조에 관한 사항들이다. 이 중 바르지 않은 것은?

① 프리캐스트 콘크리트 구조물의 횡방향, 종방향, 수직방향 및 구조물 둘레는 부재의 효과적인 결속을 위하여 인장연결철근으로 일체화하여야 한다.

② 프리캐스트 부재가 바닥 또는 지붕층 격막구조일 때, 격막구조와 횡력을 부담하는 구조를 연결하는 접합부는 최소한 4~5kN/m의 공칭인장강도를 가져야 한다.

③ 프리캐스트 벽판은 최소한 2개의 연결철근으로 서로 연결되어야 하며, 연결철근 하나의 공칭인장강도는 4.5kN 이상이어야 한다.

④ 프리캐스트 콘크리트의 경우 단순히 연직하중에 의한 마찰력만으로 저항하는 접합부 상세는 사용할 수 없다.

《Point》 프리캐스트 벽판은 최소한 2개의 연결철근으로 서로 연결되어야 하며, 연결철근 하나의 공칭인장강도는 45kN 이상이어야 한다.

> **✿ Plus tip 프리캐스트 콘크리트 구조세칙**
> ㉠ 프리캐스트 콘크리트 구조물의 횡방향, 종방향, 수직방향 및 구조물 둘레는 부재의 효과적인 결속을 위하여 인장연결철근으로 일체화하여야 한다. 특히 종방향과 횡방향 연결철근을 횡하중저항구조에 연결되도록 설치하여야 한다.
> ㉡ 프리캐스트 부재가 바닥 또는 지붕층 격막구조일 때, 격막구조와 횡력을 부담하는 구조를 연결하는 접합부는 최소한 4~5kN/m의 공칭인장강도를 가져야 한다.
> ㉢ 프리캐스트 기둥은 1.5Ag(단위는 N) 이상의 공칭인장강도를 가져야 한다.
> ㉣ 하중에 의해 요구되는 단면보다 큰 단면으로 설계된 기둥의 경우, 감소된 유효단면적을 사용하여 최소철근량과 설계강도를 결정하여도 좋다. 이때 감소된 유효단면적은 전체 단면적의 1/2 이상이어야 한다.
> ㉤ 프리캐스트 벽판은 최소한 2개의 연결철근으로 서로 연결되어야 하며, 연결철근 하나의 공칭인장강도는 45kN 이상이어야 한다.
> ㉥ 해석결과 기초바닥 저면에 인장력이 발생되지 않을 때에는 위에 규정된 연결철근은 흙에 직접 지지되는 콘크리트 바닥슬래브에 정착시킬 수 있다.
> ㉦ 프리캐스트 콘크리트의 경우 단순히 연직하중에 의한 마찰력만으로 저항하는 접합부 상세는 사용할 수 없다.

》 ANSWER

3.③

4 다음은 허용응력의 산정을 위해 적용해야 하는 보정계수의 적용에 관한 사항들이다. 이 중 바르지 않은 것은?

① 휨하중을 받는 집성재에 대해서는 보안정계수와 부피계수를 동시에 적용하지 않으며 두 보정계수 중 큰 값을 적용해야 한다.

② 치수계수는 휨하중을 받는 육안등급구조재와 원형단면 구조재에만 적용한다.

③ 부피계수는 휨하중을 받는 집성재에만 적용한다.

④ 곡률계수는 휨하중을 받는 집성재의 굽은 부분에만 적용한다.

📢(Point) 휨하중을 받는 집성재에 대해서는 보안정계수와 부피계수를 동시에 적용하지 않으며 두 보정계수 중 작은 값을 적용해야 한다.

5 다음 중 목재의 접합 시 주의사항으로 옳지 않은 것은?

① 이음과 맞춤은 응력이 큰 곳에서 해야 한다.

② 재는 될 수 있는 한 적게 깎아내야 한다.

③ 응력이 균등히 전달되도록 한다.

④ 정확하게 가공하여 빈틈이 없어야 한다.

📢(Point) 목재의 이음과 맞춤 시 주의사항
　　　　㉠ 재는 될 수 있는 한 적게 깎아내야 한다.
　　　　㉡ 응력이 적은 곳에서 만들어야 한다.
　　　　㉢ 공작은 간단하게 하고 모양에 치중하지 말아야 한다.
　　　　㉣ 응력이 균등히 전달되도록 한다.
　　　　㉤ 이음, 맞춤 단면은 응력의 방향에 직각으로 한다.
　　　　㉥ 정확하게 가공하여 빈틈이 없어야 한다.

6 다음 그림에서 AC부재가 받는 인장력은?

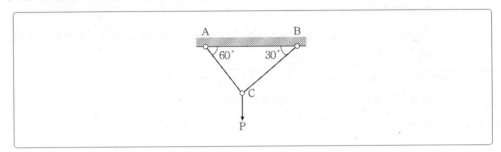

① $\dfrac{P}{2}$

② P

③ $\dfrac{\sqrt{3}}{2}P$

④ $2P$

Point $\dfrac{P}{\sin 90^o} = \dfrac{AC}{\sin 120^o}$ 이므로 $AC = \dfrac{\sqrt{3}}{2}P$

7 다음 단순보의 C점에서의 휨모멘트값은?

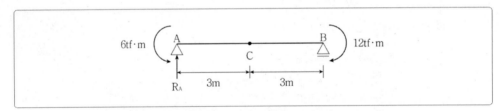

① $-5\text{tf} \cdot \text{m}$

② $-9\text{tf} \cdot \text{m}$

③ $-12\text{tf} \cdot \text{m}$

④ $-15\text{tf} \cdot \text{m}$

Point $\sum M_B = 0 : R_A \times 6\text{m} - 6\text{tf} \cdot \text{m} + 12\text{tf} \cdot \text{m} = 0, \therefore R_A = -1\text{tf}$

$M_C = -1\text{tf} \times 3\text{m} - 6\text{tf} \cdot \text{m} = -9\text{tf} \cdot \text{m}$

» ANSWER

6.③ 7.②

8 단면이 4cm×4cm인 부재에 5t의 전단력을 작용 시켜 전단변형도가 0.001rad일 때 전단탄성계수(G)는?

① 312.5kg/cm^2

② 364.5kg/cm^2

③ 402.4kg/cm^2

④ 462.6kg/cm^2

📢 Point $G = \dfrac{\tau}{\gamma} = \dfrac{S}{\gamma \cdot A} = \dfrac{5,000}{0.001 \times 4 \times 4} = 312,500\text{kg/cm}^2$

9 다음 그림과 같은 보에 저장되는 휨에 의한 변형에너지는?

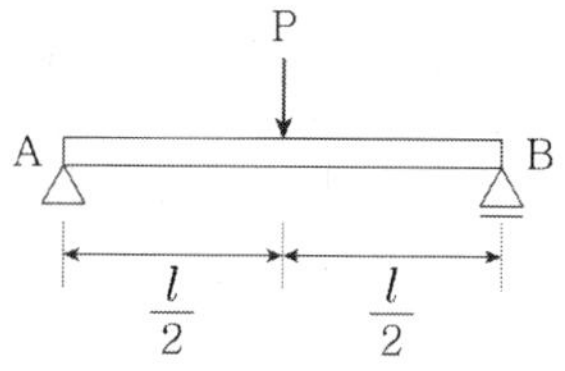

① $\dfrac{P^2 l^3}{36EI}$

② $\dfrac{P^2 l^3}{96EI}$

③ $\dfrac{P^2 l^3}{128EI}$

④ $\dfrac{P^2 l^3}{216EI}$

📢 Point $W_e = U = \dfrac{1}{2} P \cdot \delta = \dfrac{P}{2} \times \dfrac{P \cdot l^3}{48EI} = \dfrac{P^2 l^3}{96EI}$

>> ANSWER

8.① 9.②

10 다음 중 구조안전 확인대상 건축물로서 구조계산에 의해서 구조안전을 확인해야 하는 건축물에 속하지 않는 것은?

① 층수가 5층인 건축물

② 처마높이가 12m인 건축물

③ 연면적 2,000m²인 창고

④ 내력벽과 내력벽 사이의 거리가 12m인 건축물

> (Point) 구조계산에 의한 구조안전확인 대상 건축물
> ㉠ 층수가 2층(주요 구조부인 기둥과 보를 설치하는 건축물로서 그 기둥과 보가 목재인 목구조 건축물의 경우에는 3층) 이상인 건축물
> ㉡ 연면적 200m² 이상인 건축물(창고, 축사, 작물재배사 예외)
> ㉢ 높이가 13m 이상인 건축물
> ㉣ 처마높이가 9m 이상인 건축물
> ㉤ 기둥과 기둥사이의 거리가 10m 이상인 건축물
> ㉥ 내력벽과 내력벽 사이의 거리가 10m 이상인 건축물
> ㉦ 건축물의 용도 및 규모를 고려한 중요도가 높은 건축물로서 국토교통부령으로 정하는 건축물(중요도 특 또는 중요도 1에 해당하는 건축물)
> ㉧ 국가적 문화유산으로 보존할 가치가 있는 건축물
> ㉨ 한쪽 끝은 고정되고 다른 끝은 지지되지 아니한 구조로 된 보·차양 등이 외벽의 중심선으로부터 3m 이상 돌출된 건축물
> ㉩ 특수한 설계·시공·공법 등이 필요한 건축물로서 국토교통부장관이 정하여 고시하는 구조로 된 건축물

11 다음은 기본활하중에 관한 사항들이다. 이 중 바르지 않은 것은?

① 병원의 수술실과 같이 대형장비가 설치되는 곳은 중량의 장비하중을 고려해야 한다.

② 사무실의 경우 이동식 경량칸막이벽이 설치될 수 있는 경우 칸막이벽의 하중으로 최소 1kN/m²를 기본등분포 적재하중에 추가하여야 하지만 기본활하중이 10kN/m² 이상인 경우에는 이를 제외할 수 있다.

③ 점유, 사용하지 않는 지붕이라 함은 일반인의 접근이 곤란한 지붕을 말한다.

④ 창고형 매장의 경우 상품의 적재 및 전시 등을 고려한 값으로 중량상품인 경우는 실제하중을 적용해야 한다.

> (Point) 사무실의 경우 이동식 경량칸막이벽이 설치될 수 있는 경우 칸막이벽의 하중으로 최소 1kN/m²를 기본등분포 적재하중에 추가하여야 하지만 기본활하중이 4kN/m² 이상인 경우에는 이를 제외할 수 있다.

» ANSWER

10.③ 11.②

12 다음 중 지진의 진도와 규모에 관한 사항으로서 바르지 않은 것은?

① 지진의 규모는 각 관측소의 지진계에 기록된 진폭을 진앙까지의 거리나 진원의 깊이를 고려하여 지수형태로 나타낸 절대치이다.

② 지진의 진도가 0이라 함은 지진에 의한 진동을 느낄 수 없을 정도로 작은 지진의 발생을 의미한다.

③ 지진의 진도는 상대적인 수치로서 임의의 위치에서 진동의 세기를 사람의 느낌이나 주변의 물체의 흔들리는 정도로 나타낸 것이다.

④ 지진의 규모와 진도는 1:1 대응이 성립하며 동일한 지진에 대하여 여러 지역에서의 규모와 진도는 동일하게 된다.

(Point) 규모와 진도는 1:1 대응이 성립하지 않으며 동일한 지진에 대하여 여러 지역에서의 규모는 동일하지만 진도는 다를 수 있다.

13 옥외의 공기나 흙에 직접 접하지 않는 콘크리트 슬래브의 인장철근이 D32를 사용하고 있다. 이때 이 D32철근의 최소피복두께는?

① 20mm   ② 40mm
③ 50mm   ④ 60mm

(Point)

종류			피복두께
수중에서 타설하는 콘크리트			100mm
흙에 접하여 콘크리트를 친 후 영구히 흙에 묻혀있는 콘크리트			80mm
흙에 접하거나 옥외의 공기에 직접 노출되는 콘크리트		D29 이상의 철근	60mm
		D25 이하의 철근	50mm
		D16 이하의 철근	40mm
옥외의 공기나 흙에 직접 접하지 않는 콘크리트	슬래브, 벽체, 장선	D35 초과 철근	40mm
		D35 이하 철근	20mm
	보, 기둥		40mm
	쉘, 절판부재		20mm

※ 단, 보와 기둥의 경우 $f_{ck} \geq 40MPa$일 때 피복두께를 10mm까지 저감시킬 수 있다.

14 극한강도설계법에 의한 철근콘크리트보의 설계 시 단철근 직사각형단면보에서 균형단면을 이루기 위한 중립축의 위치 c_b가 400mm인 경우 등가응력블럭의 깊이 a_b는? (단, $f_{ck} = 27\text{MPa}$이다.)

① 300mm

② 320mm

③ 340mm

④ 360mm

🔊 (Point) $f_{ck} = 27\text{MPa} < 28\text{MPa}$이므로 $\beta_1 = 0.85$이다.

그러므로 $\therefore a_b = \beta_1 \cdot c_b = 0.85(400) = 340\text{mm}$

15 다음은 압축부재의 확대휨모멘트에 대한 설명들이다. 이 중 바르지 않은 것은?

① 장주효과에 의한 압축부재의 휨모멘트 증가는 압축부재 단부 사이의 모든 위치에서 고려되어야 한다.

② 두 주축에 대해 휨모멘트를 받고 있는 압축부재에서 각 축에 대한 휨모멘트는 해당 축의 구속조건을 기초로 하여 각각 증가시켜야 한다.

③ 탄성 2차해석에 의한 기둥 단부 휨모멘트의 증가량이 탄성 1차해석에 의한 단부 휨모멘트의 10% 미만이면 이 구조물의 기둥은 횡구속 구조물로 가정할 수 있다.

④ 축부재, 구속 보, 그 외의 지지부재는 탄성 2차해석에 의한 총 휨모멘트가 탄성 1차해석에 의한 휨모멘트의 1.4배를 초과해서는 안 된다.

🔊 (Point) 탄성 2차해석에 의한 기둥 단부 휨모멘트의 증가량이 탄성 1차해석에 의한 단부 휨모멘트의 5% 미만이면 이 구조물의 기둥은 횡구속 구조물로 가정할 수 있다.

>> ANSWER

14.③ 15.③

16 철근콘크리트부재에 표준갈고리를 갖는 인장이형철근을 정착하고자 한다. $f_{ck} = 25\text{MPa}$, $f_y = 400\text{MPa}$인 경우 필요한 기본정착길이는? (단, 에폭시도막을 하지 않았으며 일반 콘크리트를 사용하였다.)

① 280mm   ② 325mm

③ 400mm   ④ 480mm

🔊 Point $l_{hb} = \dfrac{0.24 \beta d_b f_y}{\lambda \sqrt{f_{ck}}} = \dfrac{0.24 \cdot 1.0 \cdot 25 \cdot 400}{1.0 \cdot 5} = 480[\text{mm}]$

17 다음은 슬래브 근사해법과 직접설계법의 비교표이다. 빈 칸에 들어갈 말을 순서대로 바르게 나열한 것은?

구분	근사해법	직접설계법
조건	(가)	(나)
경간	2경간 이상	(다)
경간차이	(라)	33% 이하
하중	등분포	(마)
활하중/고정하중	3배 이하	2배 이하
기타	부재단면의 크기가 일정해야 함.	기둥이탈은 이탈방향 경간의 (바)까지 허용

	(가)	(나)	(다)	(라)	(마)	(바)
①	1방향 슬래브	2방향 슬래브	2경간 이상	10% 이하	집중	15%
②	1방향 슬래브	2방향 슬래브	3경간 이상	20% 이하	등분포	10%
③	2방향 슬래브	1방향 슬래브	3경간 이상	10% 이하	등분포	15%
④	2방향 슬래브	1방향 슬래브	2경간 이상	20% 이하	집중	10%

🔊 Point

구분	근사해법	직접설계법
조건	1방향 슬래브	2방향 슬래브
경간	2경간 이상	3경간 이상
경간차이	20% 이하	33% 이하
하중	등분포	등분포
활하중/고정하중	3배 이하	2배 이하
기타	부재단면의 크기가 일정해야 함	기둥이탈은 이탈방향 경간의 10%까지 허용

18 구조용 강재의 종류 및 특성에 대한 설명으로 옳지 않은 것은?

① 일반적으로 사용되는 구조용 강재(SS275급)는 탄소함유량이 0.15~0.29%인 연탄소강에 속하고 중탄소강과 고탄소강은 상대적으로 용접성이 떨어진다.

② 구조용 합금강은 각종 금속 원소를 합금하여 탄소강에 비하여 강도가 높으나 인성이 좋지 못한 단점이 있다.

③ 탄소당량(carbon equivalent)은 탄소를 제외한 기타 성분을 등가 탄소량으로 환산한 것으로 강재의 용접성을 나타내는 지표로 사용된다.

④ TMCP강은 압연 가공과정이 완료된 후 열처리 공정을 수행하여 높은 강도와 인성을 갖는 강재를 말한다.

🔊(Point) ② 구조용 합금강은 각종 금속 원소를 합금하여 탄소강에 비하여 강도가 높고 인성의 감소를 억제한 재료를 말한다.
③ 탄소당량(carbon equivalent)은 탄소와 기타 성분을 등가 탄소량으로 환산한 것으로 강재의 용접성을 나타내는 지표로 사용된다.
④ TMCP강은 압연 가공과정 중 열처리 공정을 동시에 수행하여 높은 강도와 인성을 갖는 강재를 말한다.

19 강구조의 조립압축재의 구조제한 사항에 대한 설명으로 가장 옳지 않은 것은?

① 조립부재개재를 연결시키는 재축방향의 용접 또는 파스너열 사이 거리가 380mm를 초과하면 래티스는 복래티스로 하거나 ㄱ형강으로 하는 것이 바람직하다.

② 2개 이상의 압연형강으로 구성된 조립압축재는 접합재 사이의 개재세장비가 조립압축재 전체 세장비의 3/4배를 초과하지 않도록 한다.

③ 유공커버플레이트 형식 조립압축재의 응력 방향 개구부 길이는 개구부 폭의 3배 이하로 한다.

④ 유공커버플레이트 형식 조립압축재 개구부의 모서리는 곡률반경이 38mm 이상 되도록 하여야 한다.

🔊(Point) 유공커버플레이트 형식 조립압축재의 응력 방향 개구부 길이는 개구부 폭의 2배 이하로 한다.

» ANSWER

18.① 19.③

20 매입형 합성기둥에 대한 설명으로 옳은 것은?

① 강재 코아의 단면적은 총단면적의 1% 이상으로 한다.

② 철근의 피복두께는 40mm 이상으로 한다.

③ 강재와 철근과의 간격은 50mm 이상으로 한다.

④ 횡방향철근의 단면적은 띠철근 간격 1mm 당 $0.20mm^2$ 이상으로 한다.

(Point) ② 철근의 피복두께는 30mm 이상으로 한다.

③ 강재와 절근과의 간격은 30mm 이상으로 한다.

④ 횡방향철근의 단면적은 띠철근 간격 1mm 당 $0.23mm^2$ 이상으로 한다.

> ☆ Plus tip 매입형 합성부재
>
> ㉠ 강재코어의 단면적은 합성기둥 총단면적의 1% 이상으로 한다.
>
> ㉡ 강재코어를 매입한 콘크리트는 연속된 길이방향철근과 띠철근 또는 나선철근으로 보강되어야 한다. 횡방향철근의 중심간 간격은 직경 D10의 철근을 사용할 경우에는 300mm 이하, 직경 D13 이상의 철근을 사용할 경우에는 400mm 이하로 한다. 이형철근망이나 용접철근을 사용하는 경우에는 앞의 철근에 준하는 등가단면적을 가져야 한다. 횡방향 철근의 최대간격은 강재 코어의 설계기준공칭항복강도가 450MPa 이하인 경우에는 부재단면에서 최소크기의 0.5배를 초과할 수 없으며 강재코어의 설계기준공칭항복강도가 450MPa를 초과하는 경우는 부재단면에서 최소 크기의 0.25배를 초과할 수 없다.
>
> ㉢ 연속된 길이방향철근의 최소철근비 ρ_{sr}는 0.004로 한다.
>
> ㉣ 강재단면과 길이방향 철근 사이의 순간격은 철근직경의 1.5배 이상 또는 40mm 중 큰 값 이상으로 한다.
>
> ㉤ 플랜지에 대한 콘크리트 순피복두께는 플랜지폭의 1/6 이상으로 한다.
>
> ㉥ 2개 이상의 형강재를 조립한 합성단면인 경우 형강재들은 콘크리트가 경화하기 전에 가해진 하중에 의해 각각의 형강재가 독립적으로 좌굴하는 것을 막기 위해 띠판 등과 같은 부재들로 서로 연결되어야 한다.
>
> ㉦ 힘이 내부지압기구에 의한 직접지압에 의해 합성부재에 전달되는 경우, 설계지압강도는 콘크리트압괴의 한계상태로부터 구한다.
>
> ㉧ 길이방향 전단력을 전달하기 위한 강재앵커는 하중도입부의 길이 안에 배치한다. 하중도입부의 길이는 하중작용방향으로 합성부재단면의 최소폭의 2배와 부재길이의 1/3 중 작은 값 이하로 한다. 길이방향 전단력을 전달하기 위한 강재앵커는 강재단면의 축에 대해 대칭인 형태로 최소한 2면 이상에 배치한다.

» ANSWER

20.①

1 다음 중 구성 양식에 의한 분류는?

① 현장 구조   ② 조립 구조

③ 가구식 구조   ④ 건식 구조

🔊(Point) ③ 구성 양식에 의한 분류
①②④ 시공상의 분류

> 🏠 Plus tip 건축 구조의 분류
>
> ※ 재료에 따른 분류
>   ㉠ 목 구조 : 목재를 접합연결하여 건물의 뼈대를 구성하는 구조로 가볍고 가공이 쉽다.
>   ㉡ 벽돌 구조 : 하중을 받는 벽, 내력벽을 벽돌을 쌓아 구성하는 구조
>   ㉢ 블록 구조 : 시멘트블록과 몰탈로 내력벽을 쌓아 구성하는 구조로 필요시 블록내부공간에
>   철근과 몰탈로 보강
>   ㉣ 철근 콘크리트 구조 : 형틀(거푸집)속에 철근을 조립하고 그사이에 콘크리트를 부어 일체
>   식으로 구성한 구조
>   ㉤ 철골 구조 : 철로된 부재(형강, 강판)를 짜맞추어 만든 구조로 부재접합에는 용접, 리벳, 볼
>   트를 사용
>   ㉥ 철골철근 콘크리트 구조 : 내화, 내구, 내진성능을 위해 철골조와 철근콘크리트조를 함께
>   사용하는 구조
>   ㉦ 석 구조 : 바깥벽을 돌로 쌓아 구성한 것으로서 보통 돌의 뒷면은 벽돌 또는 콘크리트로 된
>   구조
> ※ 구성 양식에 의한 분류
>   ㉠ 가구식 구조(Post ; Lintel) : 가늘고 긴 부재를 이음과 맞춤에 의해서 즉, 강재나 목재 등을
>   접합하여 뼈대를 만드는 구조이다. 부재 배치와 절점의 강성에 따라 강도가 좌우된다. 철
>   골 구조, 목 구조, 트러스 구조가 해당된다.
>   ㉡ 조적식 구조(Masonry) : 개개의 단일개체를 접착제로 쌓아 올린 구조이다. 개개의 단일개
>   체 강도와 접착제 강도에 의해 전체적인 강도가 좌우되며 횡력에 약한 단점이 있다. 벽
>   돌 구조, 블록 구조, 석 구조가 해당된다.
>   ㉢ 일체식 구조(Monlithic) : 미리 설치된 철근 또는 철골에 콘크리트를 부어넣어서 굳게 되면
>   전 구조체가 일체가 되도록 한 구조이다. 내구성, 내진성, 내화성이 강하다. 철근 콘크리
>   트 구조, 철골 철근 콘크리트 구조가 해당된다.
> ※ 시공상의 분류
>   ㉠ 건식 구조 : 물이나 흙을 사용하지 않고 뼈대를 가구식으로 하여 기성재를 짜맞춘 구조로
>   재료의 규격화, 경량화가 필요하다.
>   ㉡ 습식 구조 : 건식 구조와 반대되는 구조로써 물을 사용하는 철근 콘크리트 구조, 조적식
>   구조 등이 있다.
>   ㉢ 조립 구조 : 구조의 자재를 일정한 공장에서 생산하여 가공하고 부분 조립하여 공사현장에
>   서 짜맞추는 구조로 대량생산이 가능하다.
>   ㉣ 현장 구조 : 구조체 시공을 위한 부재를 현장에서 제작, 가공, 조립, 설치하는 구조로 넓은
>   면적의 현장면적이 필요하다.

》 ANSWER

1.③

2 다음 보기의 내용은 기성콘크리트 말뚝에 관한 사항들이다. 빈 칸에 들어갈 말로 알맞은 것을 순서대로 바르게 나열한 것은?

> ㉠ 기성콘크리트말뚝의 장기허용압축응력은 콘크리트설계기준강도의 최대 (개)까지를 말뚝재료의 장기허용압축응력으로 한다. 단기허용압축응력은 장기허용압축응력의 (내)배로 한다.
> ㉡ 사용하는 콘크리트의 설계기준강도는 (대) 이상으로 하고 허용지지력은 말뚝의 최소단면에 대하여 구하는 것으로 한다.

	(개)	(내)	(대)
①	1/2	1.2	30MPa
②	1/4	1.5	35MPa
③	1/5	1.8	38MPa
④	1/6	2.1	42MPa

 (Point) ㉠ 기성콘크리트말뚝의 장기허용압축응력은 콘크리트설계기준강도의 최대 1/4까지를 말뚝재료의 장기허용압축응력으로 한다. 단기허용압축응력은 장기허용압축응력의 1.5배로 한다.
㉡ 사용하는 콘크리트의 설계기준강도는 35MPa 이상으로 하고 허용지지력은 말뚝의 최소단면에 대하여 구하는 것으로 한다.

3 다음은 조적조의 내진설계를 위한 조건들이다. 이 중 바르지 않은 것은?

① 바닥슬래브와 벽체간의 접합부는 최소 3.0kN/m의 하중에 저항할 수 있도록 최대 1.2m 간격의 적절한 정착기구로 정착력을 발휘하여야 한다.

② 파라펫의 두께는 200mm이상이어야 하며 높이는 두께의 3배를 넘을 수 없고, 파라펫벽은 하부 벽체보다 얇지 않아야 한다.

③ 비보강조적조의 부재의 설계는 조적식구조의 설계일반사항을 만족하여야 한다.

④ 보강조적조는 벽체 개구부의 하단과 상단에서는 200mm 또는 철근직경의 20배 이상 연장하여 배근해야 한다.

🔊(Point) 보강조적조는 벽체 개구부의 하단과 상단에서는 600mm 또는 철근직경의 40배 이상 연장하여 배근해야 한다.

🏠 **Plus tip 조적조의 내진설계를 위한 조건**

㉠ 접합부…바닥슬래브와 벽체간의 접합부는 최소 3.0kN/m의 하중에 저항할 수 있도록 최대 1.2m 간격의 적절한 정착기구로 정착력을 발휘하여야 한다.

㉡ 파라펫
• 파라펫의 두께는 200mm 이상이어야 하며 높이는 두께의 3배를 넘을 수 없고, 파라펫벽은 하부 벽체보다 얇지 않아야 한다.
• 파라펫의 높이가 600mm를 초과하는 경우 지진하중에 견디도록 설계한다.
• 철근과 조적조의 피복두께는 얇은 그라우트의 경우 6mm, 거친 그라우트의 경우에는 12mm보다 작아서는 안 된다.

㉢ 비보강조적조
• 전체높이가 13m, 처마높이가 9m 이하의 건물로서 경험적 설계법의 벽체높이, 횡안정, 측면지지, 최소두께를 만족하지 않는 경우 비보강조적조의 내진설계는 건축구조기준에서 제시하는 설계지진하중의 산정방식과 등가정적해석법, 동적해석법의 구조해석을 따른다.
• 비보강조적조의 부재의 설계는 조적식구조의 설계일반사항을 만족하여야 한다.

㉣ 보강조적조
• 허용응력설계법 또는 강도설계법에 따라 철근보강을 해야 한다.
• 최소단면적 130mm²의 수직벽체철근을 각 모서리와 벽의 단부, 각 개구부의 각 면 테두리에 연속적으로 배근해야 하며, 수평 배근의 최대간격은 1.2m 이내여야 한다.
• 벽체 개구부의 하단과 상단에서는 600mm 또는 철근직경의 40배 이상 연장하여 배근해야 한다.
• 구조적으로 연결된 지붕과 바닥층, 벽체의 상부에 연속적으로 배근한다.
• 벽체의 하부와 기초의 상단부에 장부철근으로 연결배근한다.
• 균일하게 분포된 접합부 철근이 있는 경우를 제외하고는 3m의 최대간격을 유지한다.

» ANSWER

3.④

4 다음 보기의 빈 칸에 들어갈 말로 알맞은 것을 순서대로 바르게 나열한 것은?

> ㉠ : 목재접합에서 한 목재의 끝을 다른 목재의 구멍에 맞추는 것
> ㉡ : 부재를 직각이나 경사를 두어 접합하는 것
> ㉢ : 서로 다른 목재를 길이 방향으로 접합하는 것
> ㉣ : 목재를 섬유방향과 평행으로 옆대어 붙이는 것

	㉠	㉡	㉢	㉣
①	맞춤	이음	장부	쪽매
②	장부	맞춤	이음	쪽매
③	쪽매	맞춤	장부	이음
④	이음	쪽매	맞춤	장부

🔊 Point 목구조의 접합
㉠ 장부 : 목재접합에서 한 목재의 끝을 다른 목재의 구멍에 맞추는 것
㉡ 맞춤 : 부재를 직각이나 경사를 두어 접합하는 것
㉢ 이음 : 서로 다른 목재를 길이 방향으로 접합하는 것
㉣ 쪽매 : 목재를 섬유방향과 평행으로 옆대어 붙이는 것

5 다음 그림과 같은 I형 단면의 도심축에 대한 단면2차 모멘트는?

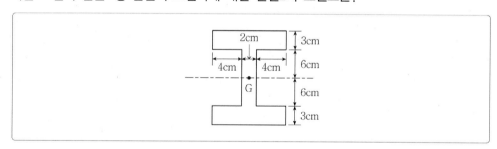

① $3,708 \text{cm}^4$

② $3,810 \text{cm}^4$

③ $3,865 \text{cm}^4$

④ $3,915 \text{cm}^4$

🔊 Point $I = \dfrac{bh^3}{12} = \dfrac{10 \times 18^3}{12} - \dfrac{8 \times 12^3}{12} = 3,708 \text{cm}^4$

≫ ANSWER

4.② 5.①

6 지하실 방수법에 대한 설명으로 옳지 않은 것은?

① 지하실 방수층은 아스팔트 방수층이 시멘트 방수층보다 유리하다.

② 바깥 방수층은 공사의 시기에 제약을 받는다.

③ 지하실이 깊을수록 수압이 커지므로 수압에 충분한 내력을 가져야 한다.

④ 바깥 방수법은 안 방수법보다 수압처리가 곤란하다.

🔊 (Point) 안 방수와 바깥 방수

구분	안 방수	바깥 방수
수압	수압이 작을 때 사용한다.	수압과 무관하다.
공사시기	자유롭다.	본공사에 선행되어야 한다.
공사용이성	간단하다.	상당히 복잡하다.
방수층바탕	필요없다.	따로 만든다.
보호누름	필요하다.	없어도 무방하다.
내수압처리	불가능하다.	가능하다.
경제성	싸다.	고가이다.

※ 아스팔트 방수와 시멘트 액체 방수의 비교

내용	아스팔트 방수	시멘트 액체 방수
바탕처리	• 완전건조상태이다. • 요철을 없앤다. • 바탕모르타르바름을 한다.	• 보통건조상태이다. • 보수처리 시공을 철저히 한다. • 바탕바름은 필요없다.
시공용이도	복잡하다.	간단하다.
균열발생정도	발생이 거의 없다.	자주 발생한다.
외기의 영향	작다.	크다.
방수층의 신축성	크다.	작다.
시공비용	비싸다.	싸다.
보호누름	필요하다.	없어도 무방하다.
내구성	크다.	작다.
방수성능	신뢰도가 높다.	신뢰도가 낮다.
결합부 발견	어렵다.	쉽다.
보수범위	광범위하다.	국부적이다.

≫ ANSWER

6.④

7 다음 그림과 같은 내민보에서 C단에 P=2,400kg의 하중이 150°의 경사로 작용하고 있다. A단의 연직반력 R_A를 0으로 하려면 AB구간에는 어느 정도의 등분포하중이 작용해야 하는가?

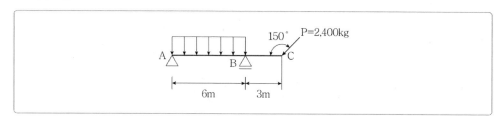

① 150kg/m

② 200kg/m

③ 250kg/m

④ 280kg/m

 (Point) $\sum M_B = 0 : R_A \times 6 - W \times 6 \times 3 + 2,400 \sin 30° \times 3 = 0$

$R_A = 0$이 되려면 $18W = 3,600$이므로 $W = 200$kg/m

8 다음 그림과 같은 단순보에서 A점으로부터 x만큼 떨어진 점의 휨응력의 크기는? (단, y는 중립축으로부터의 거리이다.)

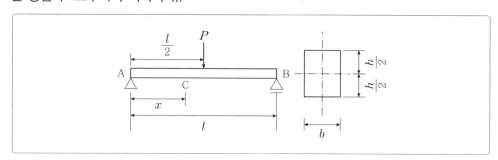

① $\dfrac{3Px}{bh^2} \cdot y$

② $\dfrac{6Px}{bh^3} \cdot y$

③ $\dfrac{Px}{4bh^3} \cdot y$

④ $\dfrac{5Px^2}{bh^2} \cdot y$

(Point) $\sigma = \dfrac{M}{I}y$이고 $I = \dfrac{bh^3}{12}$이며 $M = R_A \cdot x = \dfrac{P}{2} \cdot x$이므로

$\sigma = \dfrac{\dfrac{Px}{2}}{\dfrac{bh^3}{12}} \cdot y = \dfrac{6Px}{bh^3} \cdot y$

9 다음 그림과 같은 캔틸레버보에 저장되는 탄성변형에너지는?

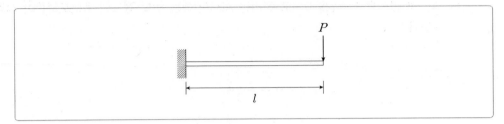

① $\dfrac{P^2l^3}{3EI}$
② $\dfrac{P^2l^3}{6EI}$

③ $\dfrac{P^2l^3}{8EI}$
④ $\dfrac{P^2l^3}{12EI}$

🔊 **Point** $W_e = U = \dfrac{1}{2}P \cdot \delta = \dfrac{P}{2} \times \dfrac{P \cdot l^3}{3EI} = \dfrac{P^2l^3}{6EI}$

10 다음은 건축물의 중요도에 관한 사항들이다. 이 중 바르지 않은 것은?

① 건축물 및 구조물의 중요도는 용도와 규모에 따라 특, 1, 2, 3의 중요도로 분류한다.

② 부속시설이 있는 경우, 그 부속시설물의 손상이 건축물 및 공작물에 영향을 미치는 경우에는 그 부속시설물도 동일한 중요도를 적용한다.

③ 중요도 분류상 규모에서 지하층의 층수와 바닥면적을 산입해야 한다.

④ 적설하중에 대한 중요도계수와 지진하중에 대한 중요도계수는 같은 중요도일 경우 서로 동일하지 않다.

🔊 **Point** 중요도 분류상 규모에서 지하층의 층수와 바닥면적은 산입하지 않는다.

» ANSWER

9.② 10.③

11 다음은 적설하중에 관한 사항들이다. 이 중 바르지 않은 것은?

① 지붕에 작용하는 적설하중의 영향이 등분포 활하중 및 유사활하중에 규정된 지붕의 최소활 하중보다 클 경우 적설하중을 적용해야 한다.

② 설계용 지붕적설하중은 지상적설하중의 기본값을 기준으로 하여 기본지붕적설하중계수, 노 출계수, 온도계수, 중요도계수 및 지붕의 형상계수와 기타 재하 분포상태 등을 고려해서 산정을 해야 한다.

③ 지상적설하중의 기본값(S_g)은 재현기간 10년에 대한 수직최심적설깊이를 기준으로 한다.

④ 최소지상적설하중은 $S_g = 0.5\mathrm{kN/m^2}$으로 한다.

 (Point) 지상적설하중의 기본값(S_g)은 재현기간 100년에 대한 수직최심적설깊이를 기준으로 한다.

12 다음 중 인장지배단면의 강도감소계수값으로 바른 것은?

① 0.65　　　　　　　　② 0.70

③ 0.80　　　　　　　　④ 0.85

(Point)

부재 또는 하중의 종류	강도감소계수
인장지배단면	0.85
압축지배단면 - 나선철근부재	0.70
압축지배단면 - 스터럽 또는 띠철근부재	0.65
전단력과 비틀림모멘트	0.75
콘크리트의 지압력	0.65
포스트텐션 정착구역	0.85
스트럿타이 - 스트럿, 절점부 및 지압부	0.75
스트럿타이 - 타이	0.85
무근콘크리트의 휨모멘트, 압축력, 전단력, 지압력	0.55

13 다음은 내진설계 해석법에 관한 사항들이다. 이 중 바르지 않은 것은?

① 등가정적해석법은 기본진동모드 반응특성에 바탕을 두고 구조물의 동적특성을 무시한 해석법이다.

② 동적해석법(모드해석법)은 고차 진동모드의 영향을 적절히 고려할 수 있는 해석법이다.

③ 탄성시간이력해석법은 지진의 시간이력에 대한 구조물의 탄성응답을 실시간으로 구하는 해석법이다.

④ 비탄성정적해석을 사용하는 경우 건축구조기준에서 정하는 반응수정계수를 적용할 수 있다.

🔈(Point) 비탄성정적해석을 사용하는 경우 건축구조기준에서 정하는 반응수정계수를 적용할 수 없으며 구조물의 비탄성변형능력 및 에너지소산능력에 근거하여 지진하중의 크기를 결정해야 한다.

☆ **Plus tip 내진설계 해석법의 종류**

㉠ 등가정적해석법 : 기본진동모드 반응특성에 바탕을 두고 구조물의 동적특성을 무시한 해석법

㉡ 동적해석법(모드해석법) : 고차 진동모드의 영향을 적절히 고려할 수 있는 해석법

㉢ 탄성시간이력해석법
- 지진의 시간이력에 대한 구조물의 탄성응답을 실시간으로 구하는 해석법
- 층전단력, 층전도모멘트, 부재력 등의 설계값은 시간이력해석에 의한 결과치에 중요도계수를 곱하고 반응수정계수를 나누는 방식으로 구한다.

㉣ 비탄성정적해석법(Pushover해석법) : 정적지진하중분포에 대한 구조물의 비선형해석법
- 구조물의 비탄성거동을 해석하는 가장 일반적인 해석법이다.
- 구조물의 항복 이후의 거동을 가장 효과적으로 반영할 수 있는 해석법이다.
- 여러 개의 소성힌지가 순차적으로 발생함을 확인할 수 있다.
- 설계지진하중에 대해 구조물의 강도와 변위를 평가한다.
- 요구수준의 거동과 유용한 능력을 비교하여 구조시스템의 예상거동을 평가한다.
- 비선형 정정해석으로서 재료의 인성과 구조물의 부정정성을 해석에 반영한다.
- 비탄성정적해석을 사용하는 경우 건축구조기준에서 정하는 반응수정계수를 적용할 수 없으며 구조물의 비탄성변형능력 및 에너지소산능력에 근거하여 지진하중의 크기를 결정해야 한다.

㉤ 비탄성시간이력해석법
- 실제의 지진시간이력을 사용한 해석법
- 비선형시간이력해석이라고도 하며 부재의 비선형능력과 특성은 중요도계수를 고려하여 실험이나 충분한 해석결과에 부합되도록 모델링해야 한다.

※ 지진해석의 정확도 … 일반적으로 내진성능평가를 위한 지진해석은 등가정적해석, 응답스펙트럼해석, 시간이력해석, 비선형정적해석, 비선형동적해석이며 앞에서 뒤로 갈수록 해석의 정확도와 분석정밀도가 높아진다. 비선형동적해석이 가장 복잡하면서도 가장 정확한 응답을 보장한다.

≫ ANSWER

13.④

14 강도설계법에서 $f_{ck} = 24\text{MPa}$, $f_y = 400\text{MPa}$인 경우 단철근보의 균형철근비값은?

① 0.0225

② 0.0260

③ 0.0285

④ 0.0315

🔊 (Point)

$$\rho_b = 0.85\beta_1 \cdot \frac{f_{ck}}{f_y} \cdot \frac{c_b}{d} = 0.85 \cdot \beta_1 \cdot \frac{f_{ck}}{f_y} \cdot \frac{600}{600+f_y} = 0.0260$$

15 다음 중 철근콘크리트보의 전단보강철근으로 볼 수 없는 것을 모두 고른 것은?

> ㉠ 주철근에 직각으로 설치하는 스터럽
> ㉡ 부재축에 직각인 용접철망
> ㉢ 주철근에 45° 또는 그 이상의 경사스터럽
> ㉣ 주철근을 30° 이상의 각도로 구부린 굽힘주철근
> ㉤ 스터럽과 경사철근의 조합
> ㉥ 나선철근

① ㉠, ㉢, ㉥

② ㉡, ㉣, ㉤

③ ㉢, ㉤

④ 없음

🔊 (Point) 전단철근의 종류
> ㉠ 주철근에 직각으로 설치하는 스터럽
> ㉡ 부재축에 직각인 용접철망
> ㉢ 주철근에 45° 또는 그 이상의 경사스터럽
> ㉣ 주철근을 30° 이상의 각도로 구부린 굽힘주철근
> ㉤ 스터럽과 경사철근의 조합
> ㉥ 나선철근

16 다음은 슬래브 두께가 150mm인 일반적인 사무소 건물에 대한 보 일람표이다. 그림에서 알 수 있는 사항을 바르게 설명한 것은?

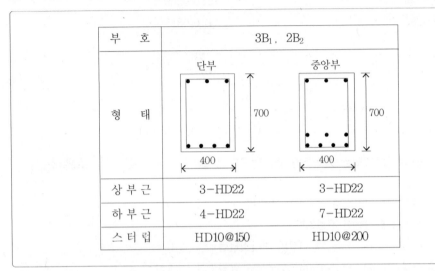

부 호	$3B_1$, $2B_2$	
형 태	단부 700 400	중앙부 700 400
상 부 근	3−HD22	3−HD22
하 부 근	4−HD22	7−HD22
스 터 럽	HD10@150	HD10@200

① 캔틸레버보에 대한 단면 설계이다.

② 중앙부보다 단부의 전단내력이 더 높게 설계되어 있다.

③ 바닥구조의 높이는 슬래브 두께를 포함하여 850mm이다.

④ 인장강도가 400N/mm² 인 철근으로 설계되어 있다.

Point ① 양단이 고정인 복철근보에 대한 단면설계이다.

② 스터럽의 배근이 중앙부보다 단부쪽이 간격이 좁기 때문에 중앙부보다 단부의 전단내력이 더 높게 설계되어 있는 것을 알 수 있다.

③ 바닥구조의 높이는 슬보의 두께를 포함하지 않는다.

④ 도면의 철근은 HD로 표시되어 있기 때문에 고장력 이형철근이며, 철근의 항복강도가 400N/mm² 이상인 철근으로 설계되어 있다.

≫ ANSWER

16.②

17 그림과 같은 2방향 확대기초에서 하중계수가 고려된 계수하중 P_u(자중포함)가 그림과 같이 작용할 때 위험단면의 계수전단력(V_u)는 얼마인가?

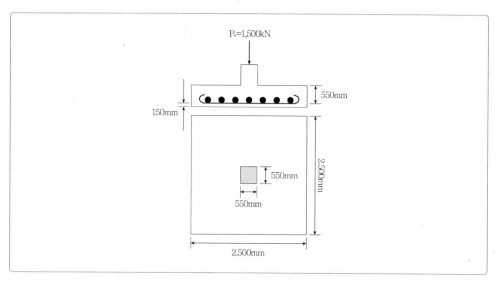

① 1111.4kN

② 1163.4kN

③ 1209.6kN

④ 1372.9kN

Point

$$q = \frac{P_u}{A} = 0.24 \text{N/mm}^2, \quad B = t + d = 1,100 \text{mm}$$

$$V_u = q(SL - B^2) = 1,209.6 \text{kN}$$

18 라멜라 테어링(lamellar tearing)에 대한 설명으로 옳은 것은?

① 모재부에 판 표면과 직각방향으로 진행되는 층상의 용접균열 생김새를 지닌다.

② 압연진행방향 단면의 연성능력은 압연진행방향과 교차되는 단면에 비해 떨어진다.

③ 비금속개재물(MnS)과 유황(S)성분이 많고, 강판의 두께가 두꺼울 때, 또는 1회 용접량이 클수록 발생률이 높다.

④ 용접되는 부분을 압연이 진행되는 방향과 교차되도록 함으로써 라멜라 테어링을 줄일 수 있다.

🔊(Point) ① 모재부에 판 표면과 평행하게 진행되는 층상의 용접균열 생김새를 지닌다.
② 압연 진행방향과 교차되는 단면의 연성능력은 압연 진행방향의 단면에 비해 떨어진다.
④ 용접되는 부분을 압연이 진행되는 방향과 일치하도록 함으로써 라멜라 테어링을 줄일 수 있다.

19 강구조 국부좌굴 거동을 결정하는 강재단면의 요소에 대한 설명으로 옳은 것은?

① 콤팩트(조밀)단면은 완전소성 응력분포가 발생할 수 있고, 국부좌굴 발생 전에 약 5의 곡률연성비를 발휘할 수 있다.

② 세장판단면은 소성범위에 도달하기 전 탄성범위에서 국부좌굴이 발생한다.

③ 콤팩트(조밀)단면에서의 모든 압축요소는 콤팩트(조밀)요소의 판폭두께비 제한값 이상의 판폭두께비를 가져야 한다.

④ 비콤팩트(비조밀)단면은 국부좌굴이 발생하기 전에 압축요소에 항복응력이 발생하지 않는다.

🔊(Point) ① 콤팩트(조밀)단면은 완전소성 응력분포가 발생할 수 있고, 국부좌굴 발생 전에 약 3의 곡률연성비를 발휘할 수 있다.
③ 콤팩트(조밀)단면에서의 모든 압축요소는 콤팩트(조밀)요소의 판폭두께비 제한값 이하의 판폭두께비를 가져야 한다.
④ 비콤팩트(비조밀)단면은 국부좌굴이 발생하기 전에 압축요소에 항복응력이 발생할 수 있다.

>> ANSWER

18.③ 19.②

20 철골공사에서 겹침이음, T자이음 등에 사용되는 용접으로 목두께의 방향이 모재의 면과 45° 또는 거의 45°의 각을 이루는 것은?

① 완전용입 맞댐용접

② 부분용입 맞댐용접

③ 모살용접

④ 다층용접

🔈(Point) 용접방법의 종류
- 모살용접 : 철골공사에서 겹침이음, T자이음 등에 사용되는 용접으로 목두께의 방향이 모재의 면과 45도 또는 거의 45도의 각을 이루도록 하는 용접
- 완전용입 맞댐용접 : 맞대는 부재 두께 전체에 걸쳐 완전하게 용접
- 부분용입 맞댐용접 : 맞대는 부재 두께 일부를 용접하는 것으로 전단력이나 인장력, 휨모멘트를 받는 곳에는 사용할 수 없다.
- 다층용접 : 비드를 여러 층으로 겹쳐 쌓는 용접
- 홈용접 : 그루브(Groove, 효율적으로 용접하기 위하여 용접하는 모재 사이에 만들어진 가공부) 용접이라고도 한다. 용접할 두 판재가 맞닿는 면에 홈을 낸 후 용접하는 방법이다. 맞댐용접의 일종이다.
- 플러그용접 : 겹쳐 맞춘 2개의 모재 중 한 모재에 원형으로 구멍을 뚫은 후 이 원형 구멍속에 용착금속을 채워 용접하는 방법
- 슬롯용접 : 겹쳐 맞춘 2개의 모재 한쪽에 뚫은 가늘고 긴 홈의 부분에 용착금속을 채워 용접하는 방법

1 다음 보기는 여러 가지 구조방식들을 설명하고 있다. 보기의 빈칸에 들어갈 말로 알맞은 것을 순서대로 나열한 것은?

> • 이중골조시스템은 횡력의 (가) 이상을 부담하는 모멘트 연성골조가 가새골조나 전단벽에 조합되는 방식으로서 중력하중에 대해서도 모멘트연성골조가 모두 지지하는 구조이다.
> • (나)는 경사가새가 설치되어 가새부재 양단부의 한쪽 이상이 보−기둥 접합부로부터 약간의 거리만큼 떨어져 보에 연결되어 있는 구조시스템이다.
> • (다)는 기둥과 보로 구성하는 라멘골조가 횡력과 수직하중을 저항하는 구조이다.

	㈎	㈏	㈐
①	25%	편심가새골조	모멘트골조
②	20%	중심가새골조	횡구속골조
③	33%	특수중심가새골조	비가새골조
④	50%	좌굴방지가새골조	건물골조

 Point • 이중골조시스템은 횡력의 25% 이상을 부담하는 모멘트 연성골조가 가새골조나 전단벽에 조합되는 방식으로서 중력하중에 대해서도 모멘트연성골조가 모두 지지하는 구조이다.
• 편심가새골조는 경사가새가 설치되어 가새부재 양단부의 한쪽 이상이 보−기둥 접합부로부터 약간의 거리만큼 떨어져 보에 연결되어 있는 구조시스템이다.
• 모멘트골조는 기둥과 보로 구성하는 라멘골조가 횡력과 수직하중을 저항하는 구조이다.
• 편심가새골조는 경사가새가 설치되어 가새부재 양단부의 한쪽 이상이 보−기둥 접합부로부터 약간의 거리만큼 떨어져 보에 연결되어 있는 가새골조이다.
• 중심가새골조는 부재에 주로 축력이 작용하는 가새골조로 동심가새골조라고도 한다.
• 횡구속골조는 횡방향으로의 층변위가 구속된 골조이다.
• 특수중심가새골조는 가새시스템의 모든 부재들이 주로 축력을 받는 대각가새(골조가 수평하중에 대해 트러스 거동을 통해서 저항할 수 있도록 경사지게 배치된(주로 축력이 지배적인) 구조부재) 골조 이다.
• 비가새골조는 부재 및 접합부의 휨저항으로 수평하중에 저항하는 골조이다.
• 좌굴방지가새골조는 대각선가새골조로서, 가새시스템의 모든 부재가 주로 축력을 받고, 설계층간변위의 2.0배에 상당하는 힘과 변형에 대해서도 가새의 압축좌굴이 발생하지 않는 골조이다.
• 건물골조는 수직하중은 입체골조가 저항하고, 지진하중은 전단벽이나 가새골조가 저항하는 구조방식이다.

» ANSWER

1.①

2 다음은 토압의 작용력도를 나타낸 그림이다. (가), (나), (다), (라)에 들어갈 말로 알맞은 것을 순서대로 바르게 나열한 것은?

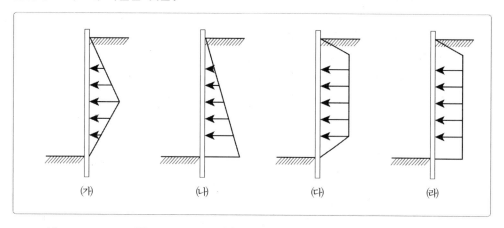

	(가)	(나)	(다)	(라)
①	연약 점토	굳은 사질토	연약 사질토	굳은 점토
②	연약 사질토	굳은 사질토	연약 점토	굳은 점토
③	굳은 점토	연약 점토	굳은 사질토	연약 사질토
④	굳은 점토	굳은 사질토	연약 사질토	연약 점토

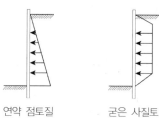

굳은 점토질　　　　연약 점토질　　　　굳은 사질토　　　　연약 사질토

3 다음은 아치구조에 사용되는 벽돌쌓기 방식에 대한 설명이다. 빈칸에 들어갈 말로 알맞은 것을 순서대로 나열한 것은?

> • (가) : 사다리꼴 모양으로 특별히 주문한 아치용 벽돌을 써서 쌓는 것이다.
> • (나) : 보통벽돌을 쐐기모양(아치모양)으로 다듬어서 만든 것이다.
> • (다) : 보통벽돌을 그대로 쓰고 줄눈을 쐐기모양으로 한 것이다.
> • (라) : 아치의 너비가 넓을 때 여러 층을 지어 겹쳐 쌓는 것이다.

	㉮	㉯	㉰	㉱
①	본 아치	막만든 아치	거친 아치	층두리 아치
②	막만든 아치	거친 아치	층두리 아치	본 아치
③	거친 아치	층두리 아치	막만든 아치	본 아치
④	층두리 아치	본 아치	거친 아치	막만든 아치

📢(Point) • 본 아치 : 사다리꼴 모양으로 특별히 주문한 아치용 벽돌을 써서 쌓는 것이다.
• 막만든 아치 : 보통벽돌을 쐐기모양(아치모양)으로 다듬어서 만든 것이다.
• 거친 아치 : 보통벽돌을 그대로 쓰고 줄눈을 쐐기모양으로 한 것이다.
• 층두리 아치 : 아치의 너비가 넓을 때 여러 층을 지어 겹쳐 쌓는 것이다.

4 다음은 목재 강도에 관한 설명이다. 옳지 않은 것은?

① 심재가 변재보다 수축률이 작다.
② 섬유방향의 강도가 직각방향의 강도보다 작다.
③ 섬유포화점 이상의 상태에서 함수율이 변해도 강도는 변하지 않는다.
④ 목재의 함수율이 30% 이하이면 강도가 증가한다.

📢(Point) 함수율에 따른 강도 변화
㉠ 변재가 심재보다 수축률이 크다.
㉡ 섬유방향의 강도가 직각방향의 강도보다 크다.
㉢ 목재의 함수율이 30% 이상이면 강도와 수축변형이 거의 일정하다.
㉣ 목재의 함수율이 30% 이하이면 강도가 증가한다.
㉤ 내구성, 비중, 강도는 변재보다 심재가 크다.
㉥ 신축률 : 축방향(0.35%) < 지름방향(8%) < 촉방향(14%)

>> ANSWER
3.① 4.②

5 다음 중 반자 설치순서를 바르게 나열한 것은?

⊙ 달대받이   ⓛ 반자널

ⓒ 반자틀   ⓔ 반자틀받이

ⓜ 반자돌림대   ⓗ 달대

---

① ⊙→ⓜ→ⓗ→ⓒ→ⓛ→ⓔ

② ⊙→ⓜ→ⓔ→ⓒ→ⓗ→ⓛ

③ ⊙→ⓔ→ⓒ→ⓜ→ⓗ→ⓛ

④ ⊙→ⓔ→ⓜ→ⓛ→ⓗ→ⓒ

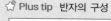 **Point** 반자 설치순서 … 달대받이 → 반자돌림대 → 반자틀받이 → 반자틀 → 달대 → 반자널

☆ **Plus tip 반자의 구성**

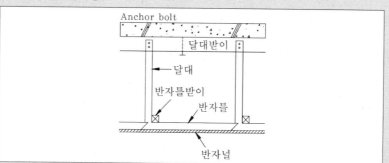

⊙ 달대 : 반자틀을 위에서 달아매는 세로재로 위에는 달대받이, 아래는 반자틀받이가 있다.

ⓛ 달대받이 : 반자의 달대를 받는 가로재로 지름 9cm 정도의 통나무로 약 90cm 간격으로 한다.

ⓒ 반자틀받이 : 반자틀을 받는 재로 반자틀받이에 못을 박아 반자틀을 댄다.

ⓔ 반자틀 : 천장을 막기 위해 짜 만든 틀을 총칭하는 말로 반자를 드리기위해 가늘고 긴 나무를 가로 · 세로로 짜 만든 틀이다.

ⓜ 반자돌림대 : 반자와 벽의 교차점에 있는 돌림대를 말한다. 반자돌림은 벽과 반자를 같은 회 반죽으로 할 때에는 회반죽 자체로 하거나 또는 석고 조각물을 붙여 만들지만 벽면과 반자 의 재료가 다르거나 목조에서는 대개 나무로 한다.

6 다음 단면의 중립축 상단의 단면계수는?

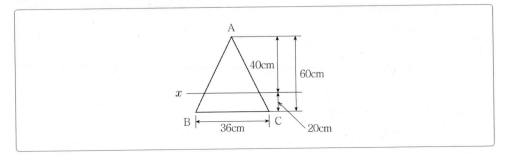

① $3,800\text{cm}^3$

② $4,600\text{cm}^3$

③ $5,400\text{cm}^3$

④ $6,200\text{cm}^3$

🔊 Point

단면계수 $Z = \dfrac{I}{y}$, $I = \dfrac{bh^3}{36} = \dfrac{36 \times 60^3}{36} = 216,000\text{cm}^4$

$y = 40\text{cm}$ 이므로 $Z = 5,400\text{cm}^3$

7 다음 그림과 같은 3힌지 아치의 A점의 수평반력의 크기는?

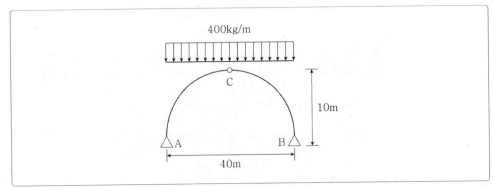

① 2t

② 4t

③ 6t

④ 8t

🔊 Point

$P = wl = 0.4 \times 40 = 16\text{t}$

좌우대칭이므로 $V_A = 8\text{t}(\uparrow)$

$\sum M_C = 0 : 8 \times 20 - H_A \times 10 - 8 \times 10 = 0$

$H_A = \dfrac{160 - 80}{10} = 8\text{t}(\rightarrow)$

» ANSWER

6.③ 7.④

8 오일러의 탄성곡선이론에 의한 기둥공식에서 좌굴하중의 비(A : B : C : D)를 바르게 나타 낸 것은?

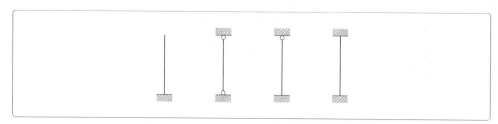

① 1 : 4 : 8 : 16

② 1 : 3 : 6 : 8

③ 1 : 4 : 3 : 9

④ 1 : 2 : 4 : 8

Point A : B : C : D = 1 : 4 : 8 : 16

9 다음 표의 빈 칸에 들어갈 수치로 알맞은 것을 순서대로 바르게 나열한 것은?

중요도	특	1	2	3
적설하중의 중요도계수	(가)	(나)	1.0	0.8
풍하중의 중요도계수	1.0	1.0	0.95	0.90
지진하중의 중요도계수	(다)	1.2	1.0	(라)

(가)	(나)	(다)	(라)
① 1.8	1.0	1.0	0.75
② 1.5	1.2	1.0	0.85
③ 1.3	1.5	1.2	0.95
④ 1.2	1.1	1.5	1.0

Point

중요도	특	1	2	3
적설하중의 중요도계수	1.2	1.1	1.0	0.8
풍하중의 중요도계수	1.0	1.0	0.95	0.90
지진하중의 중요도계수	1.5	1.2	1.0	1.0

10 정정구조물에 비해 부정정 구조물이 갖는 장점을 설명한 것 중 틀린 것은?

① 설계모멘트의 감소로 부재가 절약된다.

② 부정정 구조물은 그 연속성 때문에 처짐의 크기가 작다.

③ 외관을 아름답게 제작할 수 있다.

④ 지점 침하 등으로 인하여 발생하는 응력이 적다.

📢 **Point** 부정정구조물은 지점 침하 등으로 인하여 발생하는 응력이 크다.

☆ **Plus tip**

구분	정정구조물	부정정구조물
안전성	지점 및 구성부재 중 1개라도 파괴가 되면 전체가 붕괴됨	구성부재가 파괴되더라도 파괴되었던 부재에 가해졌던 힘이 나머지 부재로 재분배가 되어 붕괴가 되지 않음
사용성	개개 부재의 처짐 및 진동에 따른 구성부재의 영향은 거의 없음	개개 부재의 처짐 및 진동에 따른 구성부재의 영향이 크며 처짐 및 진동을 효율적으로 제어할 수 있음
경제성	부재의 단면이 크게 되어 경제성이 떨어짐	부재의 단면을 적게 할 수 있으므로 경제적임
지점침하나 온도변화, 또는 제작오차 등에 의한 응력발생	응력이 발생하지 않음	응력이 발생하게 되므로 이에 대한 고려가 필요함
해석 및 설계	힘의 흐름이 명확하여 해석 및 설계가 단순함	힘의 작용방향과는 다른 응력이 발생하며 해석 및 설계가 다소 복잡함

>> ANSWER

10.④

11 다음은 풍하중에 관한 사항들이다. 이 중 바르지 않은 것은?

① 풍하중은 구조물에 작용하는 바람에 의한 수평력이다.

② 풍하중은 주골조설계용 수평풍하중, 지붕풍하중, 외장재설계용 풍하중으로 구분하며 "풍하중 = 설계풍압×유효수압면적"의 식으로 산정한다.

③ 부골조란 창호와 외벽패널 등에 가해지는 풍하중을 주골조에 전달하기 위하여 설치된 2차 구조부재로 파스너, 중도리, 스터드 등을 말한다.

④ 건축물에서는 지붕의 최고높이를 기준높이로 하며, 그 기준높이에서의 속도압을 기준으로 풍하중을 산정한다.

Point 건축물에서는 지붕의 평균높이를 기준높이로 하며, 그 기준높이에서의 속도압을 기준으로 풍하중을 산정한다.

12 다음 보기에서 설명하고 있는 모멘트골조의 형식은?

> 보-기둥 접합부가 최소 0.04rad의 층간변위각을 발휘할 수 있어야 하며 이때 휨강도가 소성모멘트의 80% 이상 유지되어야 한다.

① 보통모멘트골조

② 중간모멘트골조

③ 특수모멘트골조

④ 좌굴방지가새골조

Point ③ 특수모멘트골조 : 보-기둥 접합부가 최소 0.04rad의 층간변위각을 발휘할 수 있어야 하며 이때 휨강도가 소성모멘트의 80% 이상 유지되어야 한다.

① 보통모멘트골조 : 설계지진력이 작용할 때, 부재와 접합부가 최소한의 비탄성변형을 수용할 수 있는 골조로서 보-기둥접합부는 용접이나 고장력볼트를 사용해야 한다.

② 중간모멘트골조 : 보-기둥 접합부가 최소 0.02rad의 층간변위각을 발휘할 수 있어야 하며 이때 휨강도가 소성모멘트의 80% 이상 유지되어야 한다.

④ 좌굴방지가새골조 : 설계지진력이 작용할 때, 비탄성변형능력을 발휘할 수 있어야 하며, 이 골조의 가새부재는 강재코어와 강재코어의 좌굴을 구속하는 좌굴방지시스템으로 구성된다.

>> ANSWER

11.④ 12.③

13 다음 중 강도설계법에서 사용되는 강도의 관계식으로 바른 것은? (단, M_d는 설계휨강도, M_u는 공칭휨강도, M_u는 소요휨강도, ϕ는 강도감소계수이다.)

① $M_d = M_u \geq \phi M_n$

② $M_d = \phi M_n \geq M_u$

③ $M_n = \phi M_d \geq M_u$

④ $M_u = \phi M_d \geq M_n$

📢 (Point) 강도감소계수×공칭강도 ≥ 하중계수×사용하중

14 폭이 300mm, 유효깊이가 600mm, $f_{ck} = 21\mathrm{MPa}$, $f_y = 400\mathrm{MPa}$인 복근 장방형보에 대한 극한강도설계에서 균형철근비가 0.023, 압축철근비가 0.006, 균형변형도 상태에서 압축철근의 응력이 400MPa일 때 최대 인장철근량은?

① $3{,}682\mathrm{mm}^2$

② $3{,}864\mathrm{mm}^2$

③ $4{,}032\mathrm{mm}^2$

④ $4{,}256\mathrm{mm}^2$

📢 (Point)
$$\rho_{\max} = 0.714\rho_b + \rho' \cdot \frac{f_{sb}'}{f_y} = 0.0224$$

$$\rho_{\max} = \frac{A_{s,\max}}{bd}, \; A_{s,\max} = (0.0224)(300)(600) = 4{,}032\mathrm{mm}^2$$

15 다음 중 원형단면을 가진 철근콘크리트보의 콘크리트가 부담하는 전단강도를 나타낸 식은? (단, D는 부재의 직경이다.)

① $V_c = \dfrac{1}{2}\sqrt{f_{ck}}\,(0.5D^2)$

② $V_c = \dfrac{1}{4}\sqrt{f_{ck}}\,(0.5D^2)$

③ $V_c = \dfrac{1}{6}\sqrt{f_{ck}}\,(0.8D^2)$

④ $V_c = \dfrac{1}{8}\sqrt{f_{ck}}\,(0.9D^2)$

📢 (Point) 원형단면을 가진 철근콘크리트보의 콘크리트가 부담하는 전단강도 : $V_c = \dfrac{1}{6}\sqrt{f_{ck}}\,(0.8D^2)$

» ANSWER

13.② 14.③ 15.③

16 철근과 콘크리트의 부착성능은 철근과 콘크리트가 강도를 적합하게 발현하기 위한 전제 조건이다. 다음 중 철근과 콘크리트의 부착에 대한 설명으로 바르지 않은 것은?

① 일반적으로 이형철근이 원형철근보다 부착강도가 크다.

② 약간 녹이 슨 철근은 새 철근보다 부착강도가 크다.

③ 철근의 직경이 가는 것을 여러 개 쓰는 것보다 굵은 것을 소량 쓰는 것이 부착성능 확보에 유리하다.

④ 블리딩의 영향으로 수평철근이 수직철근보다 부착강도가 작으며 수평철근 중에서도 상부철 근이 하부철근보다 부착성능이 떨어진다.

🔊 (Point) 부착성능확보를 위해서는 철근의 직경이 굵은 것보다 가는 것을 여러 개 쓰는 것이 좋다.

17 벽체설계 일반사항에 대한 설명으로 옳지 않은 것은?

① 벽체는 계수연직축력이 $0.4A_g f_{ck}$이하이고, 총 수직철근량이 단면적의 0.01배 이하인 부재 이며 공칭강도에 도달할 때 인장철근의 변형률이 0.004 이상이어야 한다.

② 벽체두께(h)가 180mm 이상인 벽체(지하실 외벽제외)는 양면에 철근을 배근한다.

③ 지하실 외벽 및 기초벽체의 두께는 200mm 이상으로 한다.

④ 전단벽은 벽체의 면내(강축방향)에 작용하는 수평력을 지지하는 벽체이며 내력벽은 면외 (약축방향)에 대하여 버팀지지된 상태에서 수직하중을 지지하는 벽체로서 전단벽의 기능을 겸할 수 있다.

🔊 (Point) 벽체두께(h)가 250mm 이상인 벽체(지하실 외벽제외)는 양면에 철근을 배근한다.

18 다음 여러 가지 경우 중 사용성한계상태와 극한강도한계상태를 바르게 묶은 것은?

> ⓐ 거주자의 안락감, 장비의 작동에 영향을 미치는 과도한 진동
> ⓑ 구조물의 일부 또는 전체적인 평형 상실로서 전도, 인발, 슬라이딩
> ⓒ 구조물의 용도, 배수, 외관을 저해하거나, 비구조적 요소나 부착물의 손상을 유발하는 과도한 처짐
> ⓓ 재료의 강도한계를 초과하여 구조물의 안전성이 문제가 되는 파손, 파괴
> ⓔ 국부적인 파손이 전체 붕괴로 확대되는 점진적인 붕괴, 구조건전도의 결핍
> ⓕ 구조물의 외관, 구조물의 용도나 내구성에 나쁜 영향을 미치는 과도한 국부적 손상, 균열

	(사용성 한계상태)	(극한강도 한계상태)
①	ⓐ, ⓑ, ⓓ	ⓒ, ⓔ, ⓕ
②	ⓐ, ⓒ, ⓕ	ⓑ, ⓓ, ⓔ
③	ⓑ, ⓕ	ⓐ, ⓒ, ⓓ, ⓔ
④	ⓐ, ⓑ, ⓕ	ⓒ, ⓓ, ⓔ

📢 **(Point)** • 극한한계상태 : 설계수명 이내에서 발생할 것으로 기대되는 하중조합이 극한강도를 초과하여 작용하게 될 경우 구조물은 국부적 또는 전체의 파괴가 일어나게 되는 한계상태이다. (안정성이 상실된 상태이다.)
• 사용한계상태(serviceability limit state) : 정상적 사용 중에 구조적 기능과 사용자의 안전 그리고 구조물의 외관에 관련된 특정한 요구성능을 더 이상 만족시키지 못하여 정상적으로 사용할 수 없는 한계상태이다. (사용성이 상실된 상태이다.)

> 🌠 **Plus tip**
> ※ 사용성 한계상태의 예
> • 구조물의 용도, 배수, 외관을 저해하거나, 비구조적 요소나 부착물의 손상을 유발하는 과도한 처짐
> • 구조물의 외관, 구조물의 용도나 내구성에 나쁜 영향을 미치는 과도한 국부적 손상, 균열
> • 거주자의 안락감, 장비의 작동에 영향을 미치는 과도한 진동
> ※ 극한강도한계상태의 예
> • 재료의 강도한계를 초과하여 구조물의 안전성이 문제가 되는 파손, 파괴
> • 구조물의 일부 또는 전체적인 평형 상실로서 전도, 인발, 슬라이딩
> • 국부적인 파손이 전체 붕괴로 확대되는 점진적인 붕괴, 구조건전도의 결핍
> • 붕괴 메커니즘이나 전체적인 불안정으로 변환시키는 매우 과도한 변형

» ANSWER
18.②

19 철골보의 처짐한계에 대한 설명으로 옳은 것은?

① 자동 크레인보의 처짐한계는 스팬의 1/500 ~ 1/1,000이다.

② 수동 크레인보의 처짐한계는 스팬의 1/250이다.

③ 단순보의 처짐한계는 스팬의 1/120이다.

④ 캔틸레버보의 처짐한계는 스팬의 1/250이다.

(Point) ① 자동 크레인보의 처짐한계는 스팬의 1/800 ~ 1/1,2000이다.
② 수동 크레인보의 처짐한계는 스팬의 1/5000이다.
③ 단순보의 처짐한계는 스팬의 1/3000이다.
④ 캔틸레버보의 처짐한계는 스팬의 1/2500이다.

20 강구조 용접에 대한 설명으로 옳지 않은 것은?

① 그루브용접의 유효면적은 용접의 유효길이에 다리길이를 곱한 값으로 한다.

② 필릿용접의 유효면적은 용접의 유효길이에 유효목두께를 곱한 값으로 한다.

③ 그루브용접의 유효길이는 그루브용접 총길이에서 2배의 다리길이를 공제한 값으로 한다.

④ 이음면이 직각인 필릿용접의 유효목두께는 필릿사이즈의 0.7배로 한다.

(Point) 그루브용접의 유효면적은 용접의 유효길이에 유효목두께를 곱한 값으로 한다.

1 다음 중 오프셋 아웃리거시스템에 대하여 잘못 설명한 것은?

① 일반적인 코어 아웃리거시스템은 아웃리거가 코어에 직접 연결되는 반면 오프셋 아웃리거는 코어에 직접 연결되지 않고 일정거리 떨어져 시스템을 형성한다.

② 일반적인 코어 아웃리거시스템에 비해 수평변위, 층간변위비, 전도모멘트분담비 등에서 효율이 다소 감소하지만 구조적 거동효율의 차이는 크지 않다.

③ 오프셋 아웃리거시스템은 아웃리거가 코어와 직접 연결된 상태에서 외부기둥만을 연결한 시스템이다.

④ 오프셋 아웃리거시스템이 제대로 기능을 발휘하려면 바닥슬래브의 강성이 커야하고 아웃리거와 코어 사이에서 수평 면내 전단력을 전달할 수 있을 정도의 충분한 강성이 있어야 한다.

📢(Point) 오프셋 아웃리거시스템…아웃리거가 코어와 직접 연결되지 않고 수평이동되어 외부기둥만을 연결한 시스템이다. 일반적인 코어 아웃리거시스템은 아웃리거가 코어에 직접 연결되는 반면 오프셋 아웃리거는 코어에 직접 연결되지 않고 일정거리 떨어져 시스템을 형성한다. 일반적인 코어 아웃리거시스템에 비해 수평변위, 층간변위비, 전도모멘트분담비 등에서 효율이 다소 감소하지만 구조적 거동효율의 차이는 크지 않다. 오프셋 아웃리거시스템이 제대로 기능을 발휘하려면 바닥슬래브의 강성이 커야하고 아웃리거와 코어 사이에서 수평 면내 전단력을 전달할 수 있을 정도의 충분한 강성이 있어야 한다. 평면계획에 유동성을 부여할 수 있다.

>> ANSWER

1.③

2 다음 그림과 같이 점토질 지반에 연속기초가 설치되어 있다. Terzaghi 공식에 의한 이 기초의 허용지지력 q_u는 얼마인가? (단, $\phi = 0$이며, 폭(B)=2m, $N_e = 5.14$, $N_q = 1.0$, $N_r = 0$ 안전율은 $F_s = 3$이다.)

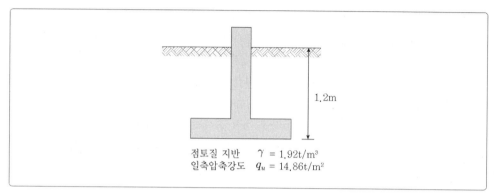

점토질 지반 $\gamma = 1.92t/m^3$
일축압축강도 $q_u = 14.86t/m^2$

① $6.4t/m^2$

② $13.5t/m^2$

③ $18.5t/m^2$

④ $40.49t/m^2$

📢 **Point** 극한지지력

$$q_u = \alpha \cdot c \cdot N_c + \beta \cdot r_1 \cdot B \cdot N_r + r_2 \cdot D_f \cdot N_q$$

$$= 1.0 \times 7.43 \times 5.14 + 0.5 \times 1.92 \times 2 \times 0 + 1.92 \times 1.2 \times 1.0 = 40.49t/m^2$$

여기서 점착력 $C = \dfrac{q_u}{2} = \dfrac{14.86}{2} = 7.43t/m^2$

허용지지력 $q_a = \dfrac{q_u}{F} = \dfrac{40.49}{3} = 13.5t/m^2$

>> ANSWER

2.②

3 다음은 프리캐스트 콘크리트의 최소피복두께에 관한 사항이다. 이 중 바르지 않은 것은?

① 흙에 접하거나 또는 옥외의 공기에 직접 노출되는 벽체에 사용되는 D35를 초과하는 철근 및 지름 40mm를 초과하는 긴장재의 경우 최소피복두께는 40mm이다.

② 흙에 접하거나 또는 옥외의 공기에 직접 노출되는 벽 이외의 부재에 사용되는 D19 이상, D35 이하의 철근 및 지름 16mm를 초과하고 지름 40mm 이하인 긴장재의 경우 최소피복 두께는 30mm이다.

③ 흙에 접하거나 또는 옥외의 공기에 직접 접하지 않는 보부재의 주철근의 경우 최소피복두 께는 철근직경 이상이어야 한다.

④ 흙에 접하거나 또는 옥외의 공기에 직접 접하지 않는 슬래브부재에 사용되는 D35를 초과 하는 철근 및 지름 40mm를 초과하는 긴장재의 경우 최소피복두께는 30mm이다.

📢 (Point) 흙에 접하거나 또는 옥외의 공기에 직접 노출되는 벽 이외의 부재에 사용되는 D19 이상, D35 이하 의 철근 및 지름 16mm를 초과하고 지름 40mm 이하인 긴장재의 경우 최소피복두께는 40mm이다.

구분	부재	위치	최소피복두께
🌣 Plus tip 프리캐스트 콘크리트의 최소피복두께			
흙에 접하거나 또는 옥외의 공기에 직접 노출	벽	D35를 초과하는 철근 및 지름 40mm를 초과하는 긴장재	40mm
		D35 이하의 철근, 지름 40mm 이하인 긴장재 및 지름 16mm 이하의 철선	20mm
	기타	D35를 초과하는 철근 및 지름 40mm를 초과하는 긴장재	50mm
		D19 이상, D35 이하의 철근 및 지름 16mm를 초과하고 지름 40 mm이하인 긴장재	40mm
		D16 이하의 철근, 지름 16mm 이하의 철선 및 지름 16mm 이하인 긴장재	30mm
흙에 접하거나 또는 옥외의 공기에 직접 접하지 않는 경우	슬래브 벽체 장선	D35를 초과하는 철근 및 지름 40mm를 초과하는 긴장재	30mm
		D35이하의 철근 및 지름 40mm 이하인 긴장재	20mm
		지름 16mm 이하의 철선	15
	보 기둥	주철근	철근직경 이상 15mm 이상 (40mm 이상일 필요는 없음)
		띠철근, 스터럽, 나선철근	10
	쉘 절판	긴장재	20
		D19 이상의 철근	15
		D16 이하의 철근, 지름 16mm 이하의 철선	10

» ANSWER

3.②

4 다음 중 목재의 종류 및 특성에 관한 설명으로 바르지 않은 것은?

① 수장재로는 주로 침엽수가 사용되며, 구조재로는 주로 활엽수가 사용된다.

② 치장을 위해 사용되는 목재는 옹이가 없는 곧은 결재가 좋으며 창호재나 가구재와 같이 변형이 되지 않도록 함수율 15%의 기건상태로 건조시켜 사용한다.

③ 침엽수는 활엽수에 비해 가격이 저렴하다.

④ 소나무, 삼나무, 낙엽송은 침엽수에 속한다.

🔊 **Point** 수장재로는 주로 활엽수가 사용되며, 구조재로는 주로 침엽수가 사용된다.

5 다음 그림과 같은 트러스의 부정정차수는?

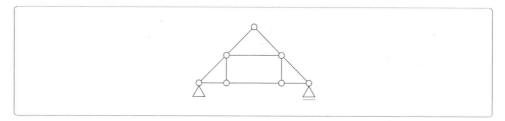

① 불안정

② 1차 부정정

③ 3차 부정정

④ 5차 부정정

🔊 **Point** $N = m + r + k - 2j = 10 + 3 + 0 - 2 \times 7 = -1$이므로 불안정

N : 부정정차수, m : 부재수, r : 반력수, k : 강절점수,

j : 지점과 자유단을 포함한 절점수

6 건물을 준공한 후에 언제 발생할지 모를 문제점을 파악하고 설계에 반영할 목적으로 시험하는 것을 무엇이라 하는가?

① 모크업테스트 ② 베인테스트
③ 슬럼프시험 ④ 풍동시험

Point ① 풍동시험으로부터 나온 설계 풍하중을 토대로하여 설계상 그대로 실물모형을 제작하여 설정된 최악의 외부환경상태에 노출시켜 설정된 외기조건이 실물모형에 어떠한 영향을 주는 가를 비교·분석하는 실험이다.
② 연약 점토 지반의 점착력을 판단하여 전단 강도를 추정하는 방법이다.
③ 아직 굳지 않은 콘크리트의 반죽질기(consistency)를 시험하는 방법.
④ 건물이 준공된 후에 언제 발생할지 모를 문제점을 파악해서 설계에 반영한다. 이 시험을 통해 건물주변의 기류를 파악해서 풍해를 예측하거나 대책을 세울 수 있는 시험이다.

⭐ **Plus tip 베인테스트(Vane Test)**

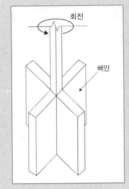
회전
베인

㉠ 연약 점토지반의 점착력을 판별하여 전단강도를 추정하는 방법이다.
㉡ 땅 속의 토층에서 시료를 채취하지 않고 보링 구멍을 이용하여 +자 날개형의 베인을 지반에 박고 회전시켜 그 저항력에 의하여 연약점토 지반의 점착력을 판별한다.

⭐ **Plus tip 슬럼프시험(slump test)**

㉠ 아직 굳지 않은 콘크리트의 반죽질기(consistency)를 파악, 물시멘트비를 알고 조절하여 시공연도(workability)를 좋게 하고, 성형성(plasticity) 및 마무리(finishing)의 용이성을 가름, 소정의 강도를 얻기 위해 실시한다.
㉡ 시험방법: 슬럼프콘을 수밀성의 평판(철판) 위에 놓고 평판과 콘 사이에 물이 새지 않게 하고 콘크리트를 3층으로 나누어 넣고 각층마다 다짐막대(직경 1.5cm, 끝의 길이 3cm, 길이 50cm의 표준계량에 사용하는 철봉 같은 것)로 3회에 걸쳐 25회 균등하게 다진다(이때 다짐막대는 전 층에 닿을 정도로 깊이 넣고 다짐). 그 후 콘을 가만히 연직상방으로 들어 올려 콘크리트가 가라앉은 길이(cm)를 측정한다. 시험은 2회 실시하여 그 평균치로 확정한다.

≫ ANSWER
6.④

🐾 Plus tip 풍동실험과 모크업테스트(Mock-Up Test)

※ 풍동실험

　ⓐ 건축물의 완공 후 문제점을 사전에 파악하고 설계에 반영하기 위해 건축물 주변 600m 반경 내의 실물축적모형을 만들어 10∼15년(또는 100년)간의 최대풍속을 가해 건물풍, 외벽풍압, 구조하중, 고주파응력, 보행자의 풍압영향 등을 측정하는 실험이다. 즉, 풍동실험은 바람을 하중으로 바꾸어서 횡력에 대해서 저항하도록 하기 위한 실험이다.

　ⓑ 풍동실험의 종류

　　• 풍압실험 : 외장재의 설계용 풍압력을 결정한다. 풍압 측정용 모형에 작용하는 풍압력을 측정하는 실험으로, 측정된 풍압력은 평균 풍압계수, 변동 풍압계수, 최대 순간 풍압계수, 최소 순간 풍압계수에 의해 평가된다.

　　• 풍력실험 : 구조 골조용 설계 풍하중을 결정한다. 가볍고 강성이 큰 풍력 측정용 모형을 제작하여 건축물의 전체 혹은 일부에 작용하는 풍하중의 평가를 한다. 평균 풍속 방향, 횡방향과 비틀림 방향의 평균 풍속계수와 변동 풍력계수를 측정한다.

　　• 풍환경 실험 : 건축물 신축에 따른 풍환경 변화의 예측에 유효한 데이터를 얻기 위해 실시한다. 고층 건축물, 대규모 건축물의 건설 전·후의 바람풍의 상황변화에 따른 영향, 건설에 따른 문제나 장애의 발생을 미연에 방지하기 위해서 풍환경의 변화를 예측해서 사전에 조사·검토할 필요가 있다. 건축물 부재 내 또는 그 주변의 지표부근에서 생기는 강풍에 의한 일반적인 보행, 주행 장애, 저층 건축물 지역의 풍환경 악화, 주변 건축물 이용자, 주변도로 이용자의 불쾌감의 증가, 중·고층 건축물의 거주자가 이용하는 외부공간에서 생기는 강풍에 의한 풍환경 악화에 수반하는 문제를 사전에 방지하기 위함이다.

　　• 공력진동실험 : 안전성 및 거주성 검토를 위해서 건축물의 진동특성을 모형화한 공력 탄성 모형을 이용해 건축물의 거동을 재현하는 실험이다. X방향, Y방향, θ방향의 진동과 가속도 응답과 더불어 풍하중의 평가를 목적으로 실시된다. 응답치를 직접적으로 측정하는 것이 가능하다. 주로 교량과 같은 토목 구조물에 대해 수행하며, 초고층 건축물의 풍력 실험에 대한 보완 수단 또는 정밀실험의 성격을 지닌다.

　ⓒ 시험항목 : 외벽풍압시험, 구조항목시험, 고주파응력시험, 풍압영향시험, 건물풍시험

※ 모크업테스트(Mock-Up Test)

　ⓐ 풍동실험을 통해 얻은 자료를 토대로 하여 3개의 실물모형을 만들어 건축예정지에 발생할 수 있는 최악의 조건으로 실험을 실시하여 구조계산값이나 재료품질 등을 수정할 목적으로 행하는 실험이다.

　ⓑ 풍동실험용 모델의 세 가지 기본유형 : 건물의 축소 모형에 풍하중을 적용시켜 건물 모형에 작용하는 힘을 측정할 수 있기 때문에 건물의 응답 예측을 위해서 편리하며 모형 표면에 작은 구멍을 뚫어 이 구멍에 작용하는 압력을 압력계로 측정하는 방법이다. 풍동실험용 건물모델의 종류에는 풍압다전동시관측 모델, 3성분계 모델, Rocking Spring기구, 전단변형 모델 등이 있다. 이런 풍동실험 결과를 토대로 실제의 풍속과 건물의 관계, 건물에서의 풍속과 모형 사이의 스케일을 고려하고 실제 건물의 풍력 예측이 가능하다.

　ⓒ 시험항목 : 예비시험, 기밀시험, 정압수밀시험, 동압수밀시험, 구조시험, 층간변위시험

7 다음 트러스부재의 N_1 부재의 부재력은?

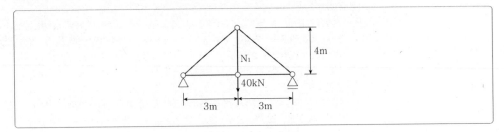

① 10kN

② 20kN

③ 40kN

④ 50kN

40kN이 작용하고 있는 절점이 힘의 평형을 이루어야 하므로

$$\sum V = 0 : -(40) + (N_1) = 0, \ N_1 = +40\text{kN (인장)}$$

8 다음 그림과 같은 캔틸레버보의 최대처짐은?

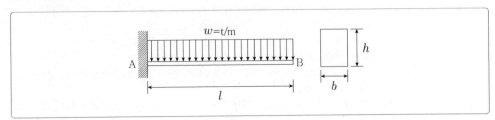

① $\dfrac{2wl^4}{Ebh^3}$

② $\dfrac{3wl^4}{2Ebh^3}$

③ $\dfrac{3wl^4}{4Ebh^3}$

④ $\dfrac{5wl^4}{8Ebh^3}$

$y_{\max} = \dfrac{wl^4}{8EI}, \ I = \dfrac{bh^3}{12}, \ y_{\max} = \dfrac{12wl^4}{8Ebh^3} = \dfrac{3wl^4}{2Ebh^3}$

≫ ANSWER

7.③ 8.②

9 다음 그림과 같은 부정정보의 자유단에 집중하중 P가 작용할 경우 고정지점 A단의 휨 모멘트 M_A는?

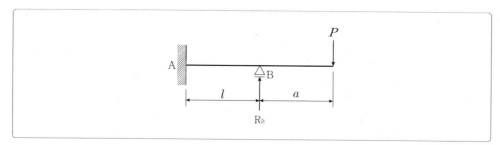

① $\dfrac{P \cdot a}{3}$

② $\dfrac{P \cdot a}{2}$

③ $P \cdot a$

④ $2P \cdot a$

Point $M_{BA} = P \cdot a$이며 $M_{AB} = \dfrac{M_{BA}}{2} = \dfrac{P \cdot a}{2}$

10 다음 중 풍동시험의 항목에 속하지 않는 것은?

① 외벽풍압시험

② 고주파응력시험

③ 건물풍시험

④ 층간변위시험

Point ㉠ 풍동시험항목 : 외벽풍압, 구조항목, 고주파응력, 풍압영향, 건물풍
ㄴ 실물모형시험항목 : 예비시험, 기밀시험, 정압수밀시험, 동압수밀시험, 구조시험, 층간변위시험

11 다음 중 내진등급의 중요도 "특"에 속하지 않은 것은?

① 연면적 1,000m² 이상인 위험물 저장 및 처리시설

② 연면적 1,000m² 이상인 국가 또는 지방자치단체의 청사 · 외국공관 · 소방서 · 발전소 · 방송국 · 전신전화국

③ 연면적 5,000m² 이상인 공연장 · 집회장

④ 종합병원, 또는 수술시설이나 응급시설이 있는 병원

📢 Point 연면적 5,000m² 이상인 공연장 · 집회장 · 관람장 · 전시장 · 운동시설 · 판매시설 · 운수시설(화물터미널과 집배송시설은 제외함)은 중요도 1에 속한다.

☆ Plus tip 내진등급 분류표

내진등급	분류목적	소분류
중요도(특)	유출 시 인명피해가 우려되는 독극물 등을 저장하고 처리하는 건축물	연면적 1,000m² 이상인 위험물 저장 및 처리시설
	응급비상 필수시설물로 지정된 건축물	연면적 1,000m² 이상인 국가 또는 지방자치단체의 청사 · 외국공관 · 소방서 · 발전소 · 방송국 · 전신전화국
		종합병원, 또는 수술시설이나 응급시설이 있는 병원, 지진과 태풍 또는 다른 비상시의 긴급대피수용시설로 지정한 건축물
		지진과 태풍 또는 다른 비상시의 긴급대피수용시설로 지정한 건축물
중요도(1)	중요도(특)보다 작은 규모의 위험물 저장 · 처리시설 및 응급비상 필수시설물	연면적 1,000m² 미만인 위험물 저장 및 처리시설
		연면적 1,000m² 미만인 국가 또는 지방자치단체의 청사 · 외국공관 · 소방서 · 발전소 · 방송국 · 전신전화국
	붕괴 시 인명에 상당한 피해를 주거나 국민의 일상생활에 상당한 경제적 충격이나 대규모 혼란이 우려되는 건축물	연면적 5,000m² 이상인 공연장 · 집회장 · 관람장 · 전시장 · 운동시설 · 판매시설 · 운수시설(화물터미널과 집배송시설은 제외함)
		아동관련시설 · 노인복지시설 · 사회복지시설 · 근로복지시설
		5층 이상인 숙박시설 · 오피스텔 · 기숙사 · 아파트
		학교
		수송시설과 응급시설 모두 없는 병원, 기타 연면적 1,000m² 이상 의료시설로서 중요도(특)에 해당되지 않은 건축물
중요도(2)	붕괴 시 인명피해의 위험도가 낮은 건축물	중요도(특), 중요도(1), 중요도(3)에 해당하지 않는 건축물
중요도(3)	붕괴 시 인명피해가 없거나 일시적인 건축물	농업시설물, 소규모창고, 가설구조물

» ANSWER

11.③

12 다음 중 콘크리트의 설계기준강도를 가장 바르게 정의한 것은?

① 콘크리트의 배합 설계 시 목표로 하는 강도이다.

② 콘크리트의 부재를 설계할 때 기준으로 삼는 콘크리트의 전단강도이다.

③ 부재의 공칭강도에 강도감소계수를 곱한 강도이다.

④ 콘크리트의 부재를 설계할 때 기준이 되는 콘크리트의 압축강도이다.

(Point) 콘크리트의 설계기준강도는 콘크리트의 부재를 설계할 때 기준이 되는 콘크리트의 압축강도이다.

13 극한강도설계법에서 철근콘크리트 휨부재의 단면에 대한 설명으로 옳지 않은 것은?

① 균형변형률 상태에서 철근과 콘크리트의 응력은 중립축에서부터의 거리에 비례한다.

② 압축측 연단의 콘크리트 최대변형률은 0.003이다.

③ 부재의 휨강도 계산에서 콘크리트의 인장강도는 무시한다.

④ 압축연단의 콘크리트 변형률이 0.003에 도달함과 동시에 인장철근의 변형률이 항복변형률
에 도달하는 경우의 철근비를 균형철근비라 한다.

(Point) 균형변형률 상태에서 철근과 콘크리트의 변형률은 중립축에서부터의 거리에 비례하지만 철근과 콘크리트의 응력은 비례한다고 볼 수 없다.

14 다음 그림과 같은 T형보에서 $f_{ck} = 21\text{MPa}$, $f_y = 300\text{MPa}$일 때 설계휨강도를 구하면? (단, 과소철근보이고 $b_e = 1,000\text{mm}$, $t_f = 70\text{mm}$, $b_w = 300\text{mm}$, $d = 600\text{mm}$, $A_s = 4,000\text{mm}^2$)

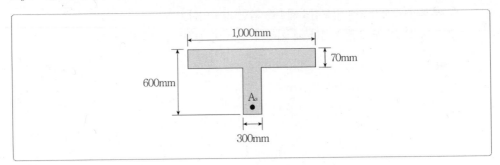

① 524kN · m
② 578kN · m
③ 614kN · m
④ 642kN · m

> ◀**Point** ㉠ T형 단면의 검토
>
> $$a = \frac{A_s f_y}{0.85 f_{ck} b_e} = \frac{(4,000)(300)}{085(21)(1,000)} = 67\text{mm} < 70\text{mm} \text{ 이므로}$$
>
> 폭 $b_e = 1,000\text{mm}$인 단철근 직사각형 보로 해석해야 한다.
>
> ㉡ 설계휨강도의 계산
>
> $$\phi M_n = \phi A_s f_y \left(d - \frac{a}{2}\right) = 0.85(4,000)(300)\left(600 - \frac{67}{2}\right) = 578\text{kN} \cdot \text{m}$$

15 다음 그림과 같이 단면적이 71.33mm²인 스터럽이 100mm의 간격으로 배근되어 있는 경우 이 스터럽의 철근비는?

① 0.1%
② 0.2%
③ 0.5%
④ 1.0%

> ◀**Point** 스터럽의 철근비
>
> $$\rho_s = \frac{A_v}{b_w \cdot s} = \frac{2 \times 71.33}{(300)(100)} = 0.0048 = 0.5\%$$

>> ANSWER

14.② 15.③

16 다음은 1방향 슬래브의 설계사항들이다. 이 중 바르지 않은 것은?

① 1방향 슬래브는 단위크기의 폭(1m)을 가진 직사각형 보로 보고 해석한다.

② 하중경로는 슬래브 변의 길이에 따라 달라지는데 장변이 단변의 2배 이상인 1방향 슬래브는 슬래브에 가해지는 하중의 90% 이상이 장변 방향으로 집중된다.

③ 슬래브의 두께는 최소 100mm 이상이어야 한다.

④ 수축, 온도철근의 간격은 슬래브 두께의 5배 이하이거나 450mm 이하여야 한다.

🔊 Point 하중경로는 슬래브 변의 길이에 따라 달라지는데 장변이 단변의 2배 이상인 1방향 슬래브는 슬래브에 가해지는 하중의 90% 이상이 단변 방향으로 집중된다.

17 다음 중 프리스트레스트 구조의 특징으로서 바르지 않은 것은?

① 전단면을 유효하게 이용한다.

② RC보에 비해서 복부의 폭을 얇게 할 수 있어서 부재의 자중이 줄어든다.

③ 내화성이 우수하고 공사비가 저렴하다.

④ RC에 비하여 강성이 작아서 변형이 크고 진동하기 쉽다.

🔊 Point ㉠ 프리스트레스트 구조의 장점
  • 고강도 콘크리트를 사용하므로 내구성이 좋다.
  • RC보에 비하여 복부의 폭을 얇게 할 수 있어서 부재의 자중이 줄어든다.
  • RC보에 비하여 탄성적이고 복원성이 높다.
  • 전단면을 유효하게 이용한다.
  • 조립식 강절 구조로 시공이 용이하다.
  • 부재에 확실한 강도와 안전율을 갖게 한다.
  ㉡ 프리스트레스트 구조의 단점
  • RC에 비하여 강성이 작아서 변형이 크고 진동하기 쉽다.
  • 내화성이 불리하다.
  • 공사가 복잡하므로 고도의 기술을 요한다.
  • 부속 재료 및 그라우팅의 비용 등 공사비가 증가된다.

18 다음은 철골구조의 강도감소계수표이다. 빈 칸에 들어갈 수치를 순서대로 바르게 나열한 것은?

부재력	파괴형태	저항계수
인장력	총단면항복	(가)
	순단면파괴	0.75
압축력	국부좌굴 발생이 안될 경우	(나)
휨모멘트	국부좌굴 발생이 안될 경우	0.9
전단력	총단면 항복	0.9
	전단파괴	(다)
국부하중	플랜지 휨 항복	0.9
	웨브국부항복	(라)
	웨브크리플링	0.75
	웨브압축좌굴	0.9
고장력볼트	인장파괴	0.75
	전단파괴	0.6

	(가)	(나)	(다)	(라)
①	0.85	0.75	1.0	0.8
②	0.75	1.0	0.6	0.9
③	0.6	0.9	0.75	0.85
④	0.9	0.9	0.75	1.0

🔊 Point

부재력	파괴형태	저항계수
인장력	총단면항복	0.9
	순단면파괴	0.75
압축력	국부좌굴 발생 안될 경우	0.9
휨모멘트	국부좌굴 발생 안될 경우	0.9
전단력	총단면 항복	0.9
	전단파괴	0.75
국부하중	플랜지 휨 항복	0.9
	웨브국부항복	1.0
	웨브크리플링	0.75
	웨브압축좌굴	0.9
고장력볼트	인장파괴	0.75
	전단파괴	0.6

》 ANSWER

18.④

19 합성보에 대한 설명으로 옳은 것은?

① 전단연결재(shear connector)는 콘크리트 바닥슬래브와 철골보를 일체화시켜 단부에 발생하는 수평전단력에 저항한다.

② 불완전 합성보는 합성단면이 충분한 내력을 발휘하기 전에 시어커텍너가 콘크리트보다 먼저 파괴된다.

③ 합성보의 설계전단강도는 강재보의 웨브와 플랜지에 의존하고 콘크리트 슬래브의 역할을 고려한다.

④ 스터드커넥터(stud connector)의 중심간 간격은 슬래브 총 두께의 4배 또는 450mm를 초과할 수 없다.

> **Point** ① 전단연결재(shear connector)는 콘크리트 바닥슬래브와 철골보를 일체화시켜 접합부에 발생하는 수평전단력에 저항한다.
> ② 불완전 합성보는 합성단면이 충분한 내력을 발휘하기 전에 시어커텍너가 콘크리트보다 먼저 파괴된다.
> ③ 합성보의 설계전단강도는 강재보의 웨브에만 의존하고 콘크리트 슬래브의 역할은 무시한다.
> ④ 스터드커넥터(stud connector)의 중심간 간격은 슬래브 총 두께의 8배 또는 900mm를 초과할 수 없다.

20 다음 중 막구조의 해석에 관한 사항으로서 바르지 않은 것은?

① 막구조의 해석은 형상해석, 응력-변형도해석, 재단도해석 순서로 이루어지며 만약 필요하다면 시공해석도 수행하여야 한다.

② 막구조의 해석에서 기하학적 비선형을 고려하여야 한다.

③ 막재에 도입하는 초기장력은 A, B종 막재의 경우 $1kN/m^2$ 이상으로 한다.

④ 재료 비선형은 무시될 수 있지만 일반적으로 재료이방성은 고려하여 해석을 수행한다.

> **Point** 막구조에 있어서 케이블재와 막재의 초기장력 값은 막구조 형식, 하중, 변형, 시공 및 기타 요인들을 고려하여 결정한다. 막재에 도입하는 초기장력은 다음 표의 값을 표준으로 한다.
>
> | 막재의 종류 | 초기장력 |
> |---|---|
> | A, B 종 | 2kN/m 이상 |
> | C 종 | 1kN/m 이상 |

1 책임구조기술자는 구조안전을 확인하고 이에 대해서 책임을 지는 기술자이다. 다음 중 책임구조기술자가 확인해야 하는 시공 중 구조안전 확인사항에 속하지 않은 것을 모두 고르면?

> ㉠ 사용구조자재 적합성 확인
> ㉡ 리모델링을 위한 구조검토
> ㉢ 설계변경에 관한 사항의 구조검토 · 확인
> ㉣ 배근의 적정성 및 이음 · 정착 검토
> ㉤ 구조재료에 대한 시험성적표 검토
> ㉥ 용도변경을 위한 구조검토

① ㉠, ㉢   ② ㉡, ㉤
③ ㉢, ㉣   ④ ㉡, ㉥

📢(Point) ㉡, ㉥은 유지관리 중 구조안전확인사항이다.

> 🌟 **Plus tip**
> ※ 시공 중 구조안전 확인
>   ㉠ 구조물 규격에 관한 검토 · 확인
>   ㉡ 사용구조자재의 적합성 검토 · 확인
>   ㉢ 구조재료에 대한 시험성적표 검토
>   ㉣ 배근의 적정성 및 이음 · 정착 검토
>   ㉤ 설계변경에 관한 사항의 구조검토 · 확인
>   ㉥ 시공하자에 대한 구조내력검토 및 보강방안
>   ㉦ 기타 시공과정에서 구조의 안전이나 품질에 영향을 줄 수 있는 사항에 대한 검토
> ※ 유지 · 관리 중 구조안전 확인
>   ㉠ 안전진단
>   ㉡ 리모델링을 위한 구조검토
>   ㉢ 용도변경을 위한 구조검토
>   ㉣ 증축을 위한 구조검토

» ANSWER

1.④

2 보의 방향이 이동되는 것을 방지하기 위하여 촉·꺽쇠·볼트 등으로 보강하는 목재의 이음 방식은?

① 메뚜기장 이음
② 주먹장 이음
③ 빗걸이 이음
④ 엇걸이 이음

Point 빗걸이 이음…보의 방향이 이동되는 것을 방지하기 위하여 촉·꺽쇠·볼트 등으로 보강하는 목재의 이음 방식

☆ **Plus tip 이음의 종류**

㉠ 맞댄 이음(Butt joint): 두 부재를 단순히 맞대어 잇는 방법으로, 잘 이어지지 않으므로 덧판을 대고 볼트 조임이나 큰 못으로 연결해 준다. 이는 평보같은 압력이나 인장력을 받는 재에 사용된다.

㉡ 겹친 이음(Lap joint): 두 부재를 단순히 겹치게 해서 볼트, 산지, 큰 못 등으로 보강한 이음이며, 듀벨이나 볼트를 사용한 이음은 간사이가 큰 구조에 쓰인다.

㉢ 따낸 이음: 두 부재가 서로 물려지도록 파내고 맞추어 이은 것으로 안전을 위해서 큰 못, 산지, 볼트 침 등으로 보강하고 쓴다.

• 주먹장 이음(Dovetail joint): 한 재의 끝을 주먹 모양으로 만들어 다른 한 재에 파들어가게 함으로써 이어지게 한 간단한 이음으로, 공작하기도 쉽고 튼튼하기 때문에 널리 사용된다.

• 메뚜기장 이음(Locust joint): 그리 효과적인 이음은 아니나, 주먹장 이음보다 더욱 튼튼하며 인장부에 쓰인다.

• 엇걸이 이음(Scai joint): 비녀(산지) 등을 박아서 더욱 튼튼한 이음으로 중요한 가로재 내이음은 보통 엇걸이 이음을 통해서 한다.

• 빗걸이 이음(Splayed joint): 보의 방향이 이동되는 것을 방지하기 위하여 촉·꺽쇠·볼트 등으로 보강하는 목재의 이음 방식

• 기타 이음
- 빗 이음: 서로 빗 잘라 이은 것으로 서까래, 띠장, 장선 등에 쓰인다.
- 엇빗 이음: 반자틀 이음이라고도 한다.
- 반턱 이음: 서로 반턱으로 잇는 방법이다.
- 홈 이음: 한 쪽은 홈을 파고 다른 한 쪽은 턱솔을 지어 잇는 방법이다.
- 턱솔 이음: 홈 이음과 같은 것으로, 턱솔의 종류로는 T, ㄱ, +, ㄷ자형 등이 있다.
- 상투 이음: 턱솔이 재의 복판에 있어 내보이지 않게 된 장부이다.
- 산자 이음: 여러 가지 이음을 보강하여 따로 대는 것이다.
- 은장 이음(Cramp joint): 두 부재를 맞대고 같은 재 또는 참나무로 나비형의 은장을 끼워 이은 것으로 못, 볼트보다 뒤틀림에 강하다.

3 다음은 조적식 구조의 주요 구조사항들이다. 이 중 바르지 않은 것은? (단, 보강블록조는 제외한다.)

① 토압을 받는 내력벽은 조적식 구조로 해서는 안 된다.

② 조적조에 사용되는 기둥과 벽체의 유효높이는 부재의 양단에서 부재의 길이 축에 직각방향으로 횡지지된 부재의 최소한의 순높이이다.

③ 휨강도의 계산에서 조적조벽의 인장강도를 고려한다.

④ 조적식 구조의 담의 높이는 3m 이하로 하며, 일정길이마다 버팀벽을 설치한다.

> **Point** 조적식 구조에서 휨강도의 계산에서 조적조벽의 인장강도를 무시한다.

> ☆ **Plus tip** 조적식 구조의 주요 구조사항
> ㉠ 토압을 받는 내력벽은 조적식구조로 해서는 안 된다. (단, 높이 2.5m 이하는 벽돌구조가 가능하다.)
> ㉡ 조적조에 사용되는 기둥과 벽체의 유효높이는 부재의 양단에서 부재의 길이 축에 직각방향으로 횡지지된 부재의 최소한의 순높이이다. 부재 상단에 횡지지되지 않은 부재의 경우 지지점부터 부재높이의 2배로 한다.
> ㉢ 조적식 구조의 담의 높이는 3m 이하로 하며, 일정길이마다 버팀벽을 설치한다.
> ㉣ 조적조 구조물은 강도설계법, 경험적 설계법, 허용응력도 설계법 중 한 가지로 설계한다.
> ㉤ 조적벽이 횡력에 저항하는 경우 전체높이가 13m 이하, 처마높이가 9m 이하여야 한다.
> ㉥ 휨강도의 계산에서 조적조벽의 인장강도를 무시한다.
> ㉦ 폭이 1.8m를 넘는 개구부의 상부는 철근콘크리트구조의 윗인방을 설치해야 한다.
> ㉧ 각 층의 대린벽으로 구획된 각 벽에 있어서 개구부 폭의 합계는 그 벽 길이의 1/2 이하로 해야만 한다.
> ㉨ 조적식 구조인 벽에 설치하는 개구부에 있어서는 각 층마다 그 개구부 상호간 또는 개구부와 대린벽의 중심과의 수평거리는 그 벽의 두께의 2배 이상으로 하여야 한다. (단, 개구부 상부가 아치구조인 경우에는 그러하지 않다.)
> ㉩ 벽돌벽체의 두께는 벽 높이의 1/20 이상이다.
> ㉪ 층고가 2.7m를 넘지 않는 1층 건물의 속찬 조적벽의 공칭두께는 150mm 이상이다.
> ㉫ 2층 이상의 건물에서 조적내력벽의 두께는 200mm 이상이다.
> ㉬ 건축물의 높이가 11m 이상, 벽길이가 8m 이상이면 1층 벽체의 두께는 40cm이다.
> ㉭ 조적식 구조인 칸막이 벽의 두께는 90mm 이상이어야 하며 조적식 구조인 칸막이벽의 바로 윗층에 조적식 구조인 칸막이벽이나 주요 구조물을 설치하는 경우 당해 칸막이벽의 두께는 190mm 이상이어야 한다. (단, 테두리보 설치 시 제외)
> ㉮ 내력벽 두께는 마감재 두께를 포함하지 않으며 내력벽 두께는 직상층 내력벽 두께보다 작아서는 안 되며 내력벽 두께 산정은 다음값 중 큰 값으로 한다.
>
> | 구조별 | 내력벽 두께 |
> |---|---|
> | 벽돌벽 | H/20 |
> | 블록벽 | H/16 |
> | 돌과 다른 조적체 병용 | H/15 |

» ANSWER

3.③

벽높이	5m 미만		5m ~ 11m		11m 이상		A > 60m²		
벽길이	8m 미만	8m 이상	8m 미만	8m 이상	8m 미만	8m 이상	1층	2층	3층
1층	150	190	190	290	290	390	190	290	390
2층			190	190	190	290		190	290
3층			190	190	190	190			190

ⓐ 하나의 층에 있어서의 개구부와 그 바로 위층에 있는 개구부와의 수직거리는 600mm 이상으로 해야 한다. 같은 층의 벽에 상하의 개구부가 분리되어 있는 경우 그 개구부 사이의 거리도 또한 같다.

ⓑ 조적식 구조인 내어민창이나 내어쌓기창은 철골 또는 철근콘크리트로 보강해야 한다.

4 목 구조체에 대한 설명으로 옳지 않은 것은?

① 기둥은 상부 하중을 토대로 전달시켜 주는 수직재로 통재기둥과 평기둥으로 구분한다.

② 토대는 전달된 하중을 기초에 균등히 분포시켜 주는 수평재로 기둥을 고정하고 벽체를 치는 뼈대가 된다.

③ 가새는 목조 벽체를 수평력에 대하여 안정된 구조가 되도록 하는 부재로 인장가새와 압축가새가 있다.

④ 심벽식은 외부에서 기둥이 보이지 않게 하는 벽식 구조로 주로 양식 구조에서 많이 사용된다.

📢(Point) 심벽 … 우리나라 전통 목조에서와 같이 뼈대 사이에 벽을 만들어 뼈대가 보이도록 만든 구조로, 뼈대가 보이므로 단면이 작은 가새를 배치하게 되며, 평벽에 비하여 구조는 약하지만 목조의 고유한 아름다움을 표현할 수 있다.

>> ANSWER

4.④

5 다음 그림에서 O점에 대한 모멘트는 얼마인가? (모멘트의 크기는 우측을 +로 한다.)

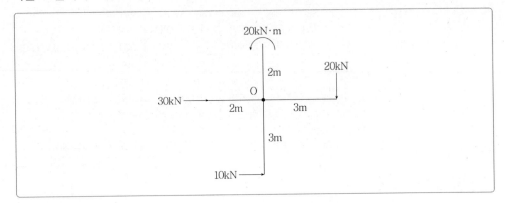

① $+5\text{kN} \cdot \text{m}$

② $-5\text{kN} \cdot \text{m}$

③ $+10\text{kN} \cdot \text{m}$

④ $+15\text{kN} \cdot \text{m}$

🔊 (Point) $M_o = -(20\text{kN} \cdot \text{m}) + (20\text{kN})(3\text{m}) - (10\text{kN})(3\text{m}) = +10\text{kN} \cdot \text{m}$

6 다음 그림과 같은 구조물의 부정정차수를 구하면?

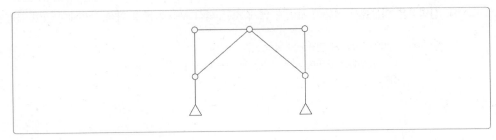

① 0차

② 1차

③ 2차

④ 3차

🔊 (Point) $N = m + r + k - 2j = 8 + 4 + 3 - 2 \times 7 = 1$

N : 부정정차수, m : 부재수, r : 반력수, k : 강절점수,

j : 지점과 자유단을 포함한 절점수

>> ANSWER

5.③ 6.②

7 다음 그림과 같은 와렌(Warren) 트러스에서 부재력이 0인 부재는 몇 개인가?

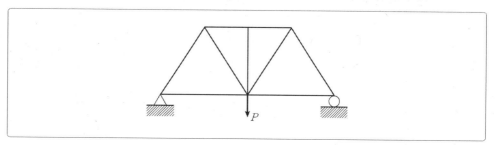

① 0개

② 1개

③ 2개

④ 3개

🔊(Point) 절점 A의 경우 $\sum F_y = 0$이어야 하므로 1번 부재는 압축재이다. 또한 $\sum F_x = 0$으로부터 6번 부재는 인장재이다.

절점 E의 경우 절점 A에서처럼 4번 부재는 압축재이고 5번 부재는 인장재이다.

절점 B의 경우 $\sum F_y = 0$이어야 하므로 7번 부재는 인장재이다. 또한 $\sum F_x = 0$으로부터 2번 부재는 압축재이다.

절점 D의 경우 절점B에서처럼 9번 부재는 인장재이고, 3번 부재는 압축재이다.

절점 C의 경우 $\sum F_y = 0$으로부터 8번부재는 부재력이 0인 부재이다.

따라서, 총 9개 부재에 대한 부재력을 판별하면 다음과 같다.

• 압축재 : 1번, 2번, 3번, 4번

• 인장재 : 5번, 6번, 7번, 9번

• 0부재 : 8번

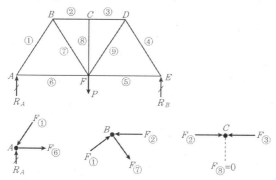

≫ ANSWER

7.②

8 다음 캔틸레버보에서 $M_o = \dfrac{Pl}{2}$ 이면 자유단의 처짐은?

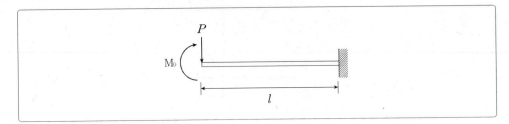

① $\dfrac{Pl^3}{8EI}$

② $\dfrac{Pl^3}{12EI}$

③ $\dfrac{Pl^3}{16EI}$

④ $\dfrac{Pl^3}{24EI}$

Point ㉠ 모멘트에 의한 처짐 : $\delta_M = -\dfrac{Pl^3}{4EI}$

㉡ 집중하중에 의한 처짐 : $\delta_P = \dfrac{Pl^3}{3EI}$

이 두 값을 중첩시키면 $\dfrac{Pl^3}{12EI}$

9 그림과 같은 구조물에서 B점에 발생하는 수직 반력의 값은?

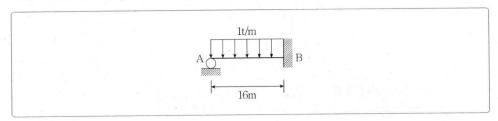

① 6t

② 8t

③ 10t

④ 12t

Point $R_B = \dfrac{5wl}{8} = \dfrac{5 \times 1 \times 16}{8} = 10t$

≫ **ANSWER**

8.② 9.③

10 다음 중 건축구조기준에서 규정한 기본등분포 활하중의 값이 가장 큰 것은?

① 옥내주차구역 중 승용차 전용주차장

② 판매장 중 창고형 매장

③ 체육시설 중 체육관의 바닥

④ 공조실, 전기실

 (Point) ㉠ 옥내주차구역의 승용차 전용주차장 : 3.0kN/m²

ⓛ 기계실, 공조실, 전기실 : 5.0kN/m²

ⓒ 체육시설 중 체육관바닥, 옥외경기장 : 5.0kN/m²

ⓔ 판매장 중 창고형 매장 : 6.0kN/m²

11 지진과 관련하여 다음 보기에서 설명하고 있는 것은?

> 지진력에너지소산장치(동조질량감쇠기, 동조액체감쇠기 등)를 사용하여 지진에 의한 건물의 흔들림을 효과적으로 제어하는 방식이다. 주로 규모가 큰 고층의 건축물에 적용된다.

① 내진

② 제진

③ 면진

④ 방진

(Point) ① 내진 : 약한 지진에 대해서는 구조물에 경미한 피해정도만을 허용하는 탄성거동설계를 하며 드물게 발생하는 강한 지진에 대해서는 구조물이 붕괴하지 않을 정도의 피해를 허용하는 비탄성거동 설계를 한다.

② 제진 : 지진력에너지소산장치(동조질량감쇠기, 동조액체감쇠기 등)를 사용하여 지진에 의한 건물의 흔들림을 효과적으로 제어하는 방식이다. 주로 규모가 큰 고층의 건축물에 적용된다.

③ 면진 : 건물과 지반을 서로 분리하여 지반의 진동으로 인한 지진력이 직접 건물로 전달되는 양을 감소시키는 방식이다.

④ 방진 : 진동이 건물 등의 구조물에 전달되는 것을 막는 것을 말한다.

12 다음은 콘크리트의 크리프 현상에 관한 사항들이다. 이 중 바르지 않은 것은?

① 물시멘트비가 증가할수록 크리프는 커진다.

② 온도가 높을수록 크리프는 증가한다.

③ 상대습도가 높을수록 크리프는 증가한다.

④ 부재의 치수가 클수록 크리프는 감소한다.

📢(Point) 상대습도가 높을수록 크리프는 적게 발생한다.

> 🐷 Plus tip 크리프
>
> 콘크리트에 하중이 가해지면 하중에 비례하는 순간적인 탄성변형이 생긴다. 이후에는 하중의 증가가 없음에도 시간이 경과함에 따라 변형이 증가하게 되는데 이 추가변형을 크리프라고 한다.
>
> ※ 크리프에 영향을 미치는 요인
> ㉠ 물시멘트비: 클수록 크리프가 크게 발생한다.
> ㉡ 단위시멘트량: 많을수록 크리프가 증가한다.
> ㉢ 온도: 높을수록 크리프가 증가한다.
> ㉣ 상대습도: 높을수록 크리프가 작게 발생한다.
> ㉤ 응력: 클수록 크리프가 증가한다.
> ㉥ 콘크리트의 강도 및 재령: 클수록 크리프가 작게 발생한다.
> ㉦ 체적: 부재치수가 클수록 크리프가 감소한다.
> ㉧ 양생: 고온증기양생을 실시하면 크리프가 감소한다.
> ㉨ 골재: 골재의 입도가 좋을수록 크리프가 감소한다.
> ㉩ 압축철근: 효과적으로 배근이 되면 크리프가 감소한다.

13 보의 폭이 400mm, 유효깊이가 600mm인 철근콘크리트 단철근보의 설계 시 콘크리트가 받는 압축력의 크기는 얼마로 가정하는가?

① 764kN

② 816kN

③ 862kN

④ 896kN

📢(Point) $C = 0.85 f_{ck} \cdot a \cdot b = 0.85(24)(100)(400) = 816$kN

14 강도설계법에서 순수축하중을 받는 띠철근 철근 콘크리트 압축재의 설계축강도 산정식은 다음과 같다.

$$\phi P_{n(\max)} = \phi(0.80)[0.85f_{ck}(A_g - A_{st}) + f_y A_{st}]$$

다음 중 이 식에서 0.80이 사용된 이유는 가장 바르게 설명한 것은?

① 열팽창을 고려한 강도감소계수이다.

② 철근의 부식을 고려한 강도감소계수이다.

③ 압축부재에 발생할 수 있는 예측하지 못한 편심효과를 고려한 값이다.

④ 콘크리트의 크리프현상을 고려한 값이다.

🔊(Point) 띠철근 압축재의 강도감소계수인 0.80은 압축부재에 발생할 수 있는 예측하지 못한 편심효과를 고려한 값이다.

15 도한 처짐에 의해 손상되기 쉬운 비구조 요소를 지지 또는 부착하지 않은 평지붕구조의 경우 활하중 L에 의한 순간처짐의 한계치는?

① L / 180

② L / 240

③ L / 360

④ L / 480

🔊(Point)

부재의 종류	고려해야 할 처짐	처짐한계
과도한 처짐에 의해 손상되기 쉬운 비구조 요소를 지지 또는 부착하지 않은 평지붕구조	활하중 L에 의한 순간처짐	L / 180
과도한 처짐에 의해 손상되기 쉬운 비구조 요소를 지지 또는 부착하지 않은 바닥구조	활하중 L에 의한 순간처짐	L / 360
과도한 처짐에 의해 손상되기 쉬운 비구조 요소를 지지 또는 부착한 지붕 또는 바닥구조	전체 처짐 중에서 비구조 요소가 부착된 후에 발생하는 처짐부분(모든 지속하중에 의한 장기처짐과 추가적인 활하중에 의한 순간처짐의 합	L / 480
과도한 처짐에 의해 손상될 우려가 없는 비구조 요소를 지지 또는 부착한 지붕 또는 바닥구조		L / 240

16 다음은 플랫슬래브에 관한 사항들이다. 이 중 바르지 않은 것은?

① 구조가 간단하고 층고를 낮게 할 수 있으므로 실내이용률이 높다.

② 바닥판이 두꺼워 고정하중 및 재료 투입물량이 일반적인 보-기둥시스템에 비해 엄청나게 증가한다.

③ 지판의 슬래브 아래로 돌출한 두께는 돌출부를 제외한 두께의 1/6 이상이어야 한다.

④ 지판은 받침부 중심선에서 각 방향 받침부 중심간 경간의 1/6 이상을 각 방향으로 연장한다.

📢 Point 지판의 슬래브 아래로 돌출한 두께는 돌출부를 제외한 두께의 1/4 이상이어야 한다.

17 다음 중 프리스트레스트의 즉시 손실 원인에 속하지 않는 것은?

① 정착 장치의 활동

② PS강재와 시스 사이의 마찰

③ PS강재의 릴렉세이션

④ 콘크리트의 탄성변형

📢 Point 프리스트레스의 손실

ⓐ 프리스트레스를 도입할 때 일어나는 손실원인 (즉시손실)
- 콘크리트의 탄성변형
- 강재와 시스의 마찰
- 정착단의 활동

ⓑ 프리스트레스를 도입한 후의 손실원인 (시간적 손실)
- 콘크리트의 건조수축
- 콘크리트의 크리프
- 강재의 릴렉세이션

» ANSWER

16.③ 17.③

18 철골구조가 충격을 발생시키는 활하중을 지지하는 경우 이 구조물은 그 효과를 고려하여 공칭활하중을 증가시켜야 하는데 각 경우별 증가율을 바르게 나열한 것은?

충격을 발생시키는 활하중을 지지하는 구조물	최소 공칭활하중 증가율(%)
승강기의 지지부	(가)
운전실 조작 주행크레인 지지보와 그 연결부	(나)
펜던트 조작 주행크레인 지지보와 그 연결부	(다)
축구동 또는 모터구동의 경미한 기계 지지부	(라)
피스톤운동기기 또는 동력구동장치의 지지부	(마)
바닥과 발코니를 지지하는 행거	(바)

	(가)	(나)	(다)	(라)	(마)	(바)
①	50	100	25	10	50	66
②	100	25	10	20	50	33
③	25	50	100	66	10	20
④	20	25	50	100	33	10

 (Point) • 승강기의 지지부 100%
• 운전실 조작 주행크레인 지지보와 그 연결부 25%
• 펜던트 조작 주행크레인 지지보와 그 연결부 10%
• 축구동 또는 모터구동의 경미한 기계 지지부 20%
• 피스톤운동기기 또는 동력구동장치의 지지부 50%
• 바닥과 발코니를 지지하는 행거 33%

19 철골용접에는 다양한 용접시공법이 적용된다. 그 중 다음 보기에 제시된 용접시공법들을 순서대로 바르게 나열한 것은?

> ㉠ 용접부위에 미세한 입상의 플럭스를 도포한 뒤 용접선과 나란히 설치된 레일 위를 주행대차가 지나가면서 와이어를 용접부로 공급시키면 플럭스 내부에서 아크가 발생하면서 용접하는 자동용접법이다.
>
> ㉡ 용가재인 전극과 와이어를 연속적으로 보내어 아크를 발생시키는 방법으로 용극식 또는 소모식 불활성가스 아크용접법이라고 불리며 불활성가스로는 주로 아르곤 가스를 사용한다.

	㉠	㉡
①	서브머지드 아크용접	MIG 용접
②	TIG 용접	서브머지드 아크용접
③	스폿 용접	일렉트로슬래그 용접
④	플래시버트 용접	테르밋 용접

📣 **Point** ㉠ 서브머지드 아크용접 : 용접부위에 미세한 입상의 플럭스를 도포한 뒤 용접선과 나란히 설치된 레일 위를 주행대차가 지나가면서 와이어를 용접부로 공급시키면 플럭스 내부에서 아크가 발생하면서 용접하는 자동용접법이다.
 ㉡ MIG용접 : 용가재인 전극과 와이어를 연속적으로 보내어 아크를 발생시키는 방법으로 용극식 또는 소모식 불활성가스 아크용접법이라고 불리며 불활성가스로는 주로 아르곤 가스를 사용한다.

🎖 **Plus tip 용접의 분류**

			피복금속 아크용접
용접	아크용접	용극식	불활성가스금속 아크용접 (MIG용접)
			탄산가스 아크용접
			스터드용접
		비용극식	불활성가스 텅스텐 아크용접 (TIG용접)
			탄소아크용접
			원자수소용접
	가스용접	산소-아세틸렌 용접	
		산소-프로판 용접	
		산소-수소용접	
		공기-아세틸렌용접	
	기타 특수용접	서브머지드 아크용접	
		테르밋용접	
		레이저용접	
		전자빔용접	
		플라스마용접	
		일렉트로슬래그용접	

» ANSWER

19.①

압접	가열식 (저항) 용접	겹치기 저항용접	점용접
			심용접
			프로젝션용접
		맞대기 저항용접	업셋용접
			플래시버트용접
			방전충격용접
		초음파 용접	
		확산 용접	
		마찰 용접	
		냉간 용접	
납땜	경납땜		
	연납땜		

- 용극식 용접법(소모성전극) : 용가재인 와이어 자체가 전극이 되어 모재와의 사이에서 아크를 발생시키면서 용접부위를 채워가는 용접법으로 이때 전극의 역할을 하는 와이어는 소모가 된다. (서브머지드 아크용접, MIG용접, 이산화탄소용접, 피복금속아크용접 등)
- 비용극성 용접법(비소모성전극) : 전극봉을 사용하여 아크를 발생시키고 이 아크열로 용가재인 용접을 녹이면서 용접하는 방법으로 이때 전극은 소모되지 않고 용가재인 와이어(피복금속아크용접의 경우 피복 용접봉)는 소모된다. (TIG용접 등)
- MIG용접 (불활성가스 금속아크용접, Metal Inert Gas Arc Welding) : 용가재인 전극과 와이어를 연속적으로 보내어 아크를 발생시키는 방법으로 용극식 또는 소모식 불활성가스 아크용접법이라고 불리며 불활성가스로는 주로 아르곤 가스를 사용한다. (inert는 불활성이라는 뜻이다.)
- TIG용접(불활성가스 텅스텐 아크용접) : 불활성 가스실드하에서 텅스텐 등 잘 소모되지 않는 금속을 전극으로 하여 행하는 용접법이다.
- 서브머지드 아크용접 : 용접부위에 미세한 입상의 플럭스를 도포한 뒤 용접선과 나란히 설치된 레일 위를 주행대차가 지나가면서 와이어를 용접부로 공급시키면 플럭스 내부에서 아크가 발생하면서 용접하는 자동용접법이다.
- 피복금속아크용접 : 용접홀더에 피복제로 둘러 싼 용접봉을 접촉시키면 아크가 발생하게 되는데 이 아크열로 따로 떨어진 모재들을 하나로 접합시키는 영구결합법이다. 용접봉 자체가 전극봉과 용가재 역할을 동시에 하는 용극식 용접법이다.
- 가스용접 : 주로 산소-아세틸렌가스를 열원으로 하여 용접부를 용융시키면서 용가재를 공급하여 접합시키는 용접법으로 산소-아세틸렌용접, 산소-수소용접, 산소-프로판용접, 공기-아세틸렌용접 등이 있다.
- 저항용접 : 용접할 2개의 금속면을 상온 혹은 가열상태에서 서로 맞대어 놓고 기계로 적당한 압력을 주면서 전류를 흘려주면 금속의 저항 때문에 접촉면과 그 부근에서 열이 발생하는데 그 순간 큰 압력을 가하여 양면을 밀착시켜 접합시키는 용접법이다.
- 일렉트로슬래그 용접 : 용접될 두 판재 양 옆에서 물로 냉각되는 동판을 붙여 녹은 쇳물이나 슬래그가 새어가지 않게 한 후 부재 사이에 용접봉의 녹은 쇳물을 투입하면서 수직으로 용접하여 올라가는 자동용접 방법의 일종. 두꺼운 강판을 용접하는데 쓰이는 수직용접법이다.
- 플래시버트 용접 : 접합할 철물에 저압의 전류를 통하게 하여 철물의 단면이 접촉할 때마다 큰 전류를 흘려 전기저항열과 불꽃을 일으킴으로써 불순물을 제거하는 동시에 단면을 용융상태로 하여 압력으로 접합하는 방법이다.
- 테르밋 용접 : 테르밋 반응을 이용한 용접방법. 테르밋(알루미늄 분말과 산화철의 혼합제에, 용접부의 기계적·야금적 성질을 개선할 수 있도록 연강 철분 등을 섞은 것)을 사용하여 발생하는 고열(약 3,000℃)로 강재 또는 철재 등을 접합하는 용접방법이다.

20 다음 그림과 같이 스팬이 7.2m이며 간격이 3m인 합성보 A의 슬래브 유효폭 b_e는?

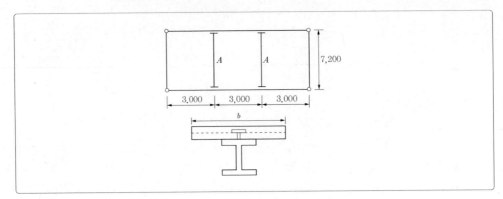

① 1,400mm

② 1,600mm

③ 1,800mm

④ 2,000mm

Point 양쪽 슬래브의 중심거리 $\left(\dfrac{3,000}{2} + \dfrac{3,000}{2} \right) = 3,000\text{mm}$

$\dfrac{보의 \ 스팬}{4} = \dfrac{7,200}{4} = 1,800\text{mm}$

이 중 작은 값을 적용한다.

》 ANSWER

20.③

당신의 꿈은 뭔가요?

MY BUCKET LIST !

꿈은 목표를 향해 가는 길에 필요한 휴시과 같아요.

여기에 당신의 소중한 위시리스트를 적어보세요. 하나하나 적다보면 어느새 기분도

좋아지고 다시 달리는 힘을 얻게 될 거예요.

- ☐ _____
- ☐ _____
- ☐ _____
- ☐ _____
- ☐ _____
- ☐ _____
- ☐ _____
- ☐ _____
- ☐ _____
- ☐ _____
- ☐ _____
- ☐ _____
- ☐ _____
- ☐ _____
- ☐ _____
- ☐ _____
- ☐ _____
- ☐ _____
- ☐ _____
- ☐ _____
- ☐ _____
- ☐ _____
- ☐ _____
- ☐ _____
- ☐ _____
- ☐ _____

- ☐ _____
- ☐ _____
- ☐ _____
- ☐ _____
- ☐ _____
- ☐ _____
- ☐ _____
- ☐ _____
- ☐ _____
- ☐ _____
- ☐ _____
- ☐ _____
- ☐ _____
- ☐ _____
- ☐ _____
- ☐ _____
- ☐ _____
- ☐ _____
- ☐ _____
- ☐ _____
- ☐ _____
- ☐ _____
- ☐ _____
- ☐ _____
- ☐ _____
- ☐ _____

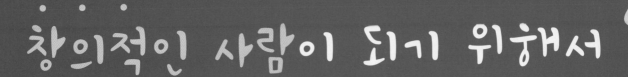

창의적인 사람이 되기 위해서

정보가 넘치는 요즘, 모두들 창의적인 사람을 찾죠.
정보의 더미에서 평범한 것을 비범하게 만드는 마법의 손이 필요합니다.
어떻게 해야 마법의 손과 같은 '창의성'을 가질 수 있을까요. 여러분께만 알려 드릴게요!

01. 생각나는 모든 것을 적어 보세요.

아이디어는 단번에 솟아나는 것이 아니죠. 원하는 것이나, 새로 알게 된 레시피나, 뭐든 좋아요.

떠오르는 생각을 모두 적어 보세요.

02. '잘하고 싶어!'가 아니라 '잘하고 있다!'라고 생각하세요.

누구나 자신을 다그치곤 합니다. 잘해야 해. 잘하고 싶어.

그럴 때는 고개를 세 번 젓고 나서 외치세요. '나, 잘하고 있다!'

03. 새로운 것을 시도해 보세요.

신선한 아이디어는 새로운 곳에서 떠오르죠. 처음 가는 장소, 다양한 장르에 음악, 나와 다른 분야의 사람.

익숙하지 않은 신선한 것들을 찾아서 탐험해 보세요.

04. 남들에게 보여 주세요.

독특한 아이디어라도 혼자 가지고 있다면 키워 내기 어렵죠.

최대한 많은 사람들과 함께 정보를 나누며 아이디어를 발전시키세요.

05. 잠시만 쉬세요.

생각을 계속 하다보면 한쪽으로 치우치기 쉬워요. 25분 생각했다면 5분은 쉬어 주세요.

휴식도 창의성을 키워 주는 중요한 요소랍니다.